自然科学考察丛书

天堂亚马孙

雨林探险的日日夜夜

陶宝祥 / 主编　　张瑞田 / 著

人民邮电出版社

北京

图书在版编目（ＣＩＰ）数据

天堂亚马孙 ：雨林探险的日日夜夜 / 陶宝祥主编 ；
张瑞田著. -- 北京 ：人民邮电出版社，2019.9
（自然科学考察丛书）
ISBN 978-7-115-51469-1

Ⅰ．①天… Ⅱ．①陶… ②张… Ⅲ．①热带雨林—科
学考察—南美洲—文集 Ⅳ．①N877-53

中国版本图书馆CIP数据核字(2019)第116247号

◆ 主　　编　陶宝祥
　　著　　　　张瑞田
　　责任编辑　王朝辉
　　责任印制　陈　犇

◆ 人民邮电出版社出版发行　　北京市丰台区成寿寺路11号
　　邮编 100164　　电子邮件 315@ptpress.com.cn
　　网址 http://www.ptpress.com.cn
　　固安县铭成印刷有限公司印刷

◆ 开本：690×970　1/16
　　印张：13.5　　　　　　　　　2019 年 9 月第 1 版
　　字数：175 千字　　　　　　　2024 年 7 月河北第 2 次印刷

定价：59.00 元

读者服务热线：(010)81055410　印装质量热线：(010)81055316
反盗版热线：(010)81055315
广告经营许可证：京东市监广登字20170147号

内 容 提 要

亚马孙热带雨林位于亚马孙河流域，它占据了世界雨林面积的一半，涵盖了全球诸多物种，被誉为"世界之肺"。作者随"中国亚马孙科学探险考察队"来到遥远的巴西，以一颗细腻、敏感的心和一支温润、流畅的笔，叙述了走进巴西、走进亚马孙的经历，描写了感受到的南美文化、风俗和人情。令人惊奇的是，一个如此小的范围——船长、船员、探险队员、向导，以及一个独特的空间——热带雨林、亚马孙河、各种动植物，却给我们提供了如此震撼的视觉盛宴和生命欢歌。巴西有一片热土，巴西人热情奔放。在本书中，你将会对这一切有个全新的认识。

不是每个人都有机会参与一次惊心动魄的科学探险活动，无论你是好奇还是敬佩科学家的精神，你都可以拿起本书细细品味，去探寻属于自己的宝藏。

序

　　进入 20 世纪以来，我国启动和实施了多项科技基础性研究工作，这些研究工作需要通过科学考察、调查等过程，对基础科学数据资料进行系统收集和综合分析，以探求基本的科学规律。科技基础性工作长期采集和积累的科学数据与资料，为我国科技创新、政府决策、经济社会发展和国家安全保障发挥了巨大的支撑作用。这是我国科技发展的重要基础，是科技进步与创新的必要条件，也是整体科技水平提高和经济社会可持续发展的基石。

　　经过十几年的野外科学考察，1994 年中国科学家发现和论证了世界第一大峡谷——雅鲁藏布大峡谷，1998 年科考队首次徒步穿越了大峡谷，再次对大峡谷进行测量，进一步确定了其世界最大峡谷的地位。

　　2000 年，在对世界屋脊青藏高原腹地的三江源地区多年考察的基础上，中国科学家首次提出了保护中华水塔、建立三江源自然保护区的建议。

　　2005 年至今，中国科学家走出国门，与俄罗斯和蒙古的科学家共同考察了贝加尔湖地区、西伯利亚远东地区及蒙古高原，取得了丰硕的科学考察成果，填补了中国在俄蒙高纬度地区长期缺乏数据资料的空白。这对中国同俄罗斯、蒙古等邻国共同应对全球气候变化的国际合作，开展与周边国家的资源、生态环境、经贸及科技领域的跨境合作，维护东北亚国际生态安全和可持续发展，尤其是以科技支撑丝绸之路经济带和中蒙俄经济走廊建设都具有重要的战略意义。

　　人民邮电出版社出版的这套"自然科学考察丛书"涵盖了雅鲁藏布大峡谷科学考察、北极地区科学考察、青藏高原腹地三江源科学考察、澜沧江－湄公河科学考察、亚马孙热带雨林科学考察、中蒙俄贝加尔湖科学考察、塔克拉玛干罗布泊科学考察。这些地区都是对当今世界环境产生重要影响、人迹罕至、条件极其恶劣的特殊地区，也是世界自然资源考察的热门地区。参与此套丛书编写的作者既有科技工作者、新闻记者又有作家，这套丛书是他们亲临科学考察第一线的真实手记。各位作者以不同的视角、不同的深刻体验记录了科学考察中的风风雨雨和酸甜苦辣。从这些手记中，我感受到了科学考察的艰辛和享受自然的乐趣，既被科学家可歌可泣的科学考察故事感染，也为他们生死与共的情谊感动。同时，这套丛书还能让广大青年科技工作者和青少年了解更多关于野外科学考察的基本知识和真实情况，是难得的科普佳作。

在新时代，中国人民正在为实现伟大的中国梦而努力奋斗。希望广大青年科技工作者和青少年能发扬科学考察精神，不断探索未知，亲近大自然，认识大自然，热爱大自然，践行"绿水青山就是金山银山"的理念，为促进人与自然的和谐发展做出贡献。

中国工程院院士、中国科学院博士生导师

目录

3　亲密的热带

4　牺牲的探险家与爱情的殉道者

人与自然（代后记）　215

1

没有航标的河流

到亚马孙去

对探险家来讲，亚马孙是一个美丽的天堂。

但我感觉亚马孙是一个地狱，一个绿色的、充满了无穷活力的地狱。

亚马孙是世界上保存最完好的原始森林，分属巴西、秘鲁、委内瑞拉、哥伦比亚、玻利维亚等 8 个国家，被称为"地球之肺"。世界上流量最大的亚马孙河极其众多的支流纵贯亚马孙热带雨林。亚马孙河全长 6440 千米，流域面积 691.5 万平方千米，年平均流量 22 万立方米 / 秒，是密西西比河的 10 倍，是长江的 7 倍。河流的平均宽度为 30 千米，有名字的支流达 1100 条，其中长度超过 1000 千米的支流就有 20 多条。丰沛的水资源和独特的热带雨林气候，使其成为世界水生生物的基因库。这里已发现的植物物种达 55000 种之多，鱼类资源超过 3000 种。富饶的亚马孙、辽阔的亚马孙、神秘的亚马孙、可爱的亚马孙，它在地球的南部深深地吸引着全球人民。

▼ 亚马孙热带雨林

2004 年的夏天，由中国科学院国际学术交流中心主办，以科学家、探险家、新闻记者和作家组成的中国亚马孙科学探险考察队一行 14 人，从北京出发，经过 30 小时的飞行，抵达巴西亚马孙州的首府马瑙斯，拉开了中国人首次探险亚马孙的序幕。

我是第二次来到亚马孙。在 2001 年我的南美洲之旅，我便在对亚马孙河与亚马孙热带雨林迷信般的朝拜中，一厢情愿地爱上了这个世界上最为独特的地方。记得在亚马孙黑水河与白水河的交汇处，我完成了在亚马孙河的处女游，然后走进一处原始、恐怖的热带雨林，此后，记忆里开始经常浮现世界上最为壮阔的一条大河，以及橡胶树、面包树、王莲、棕榈树、西番莲……今生今世，我的思念，我的追忆，将随着亚马孙河一同流淌。

2004 年我有机会再度来到马瑙斯，在一个被树荫淹没的城市里，寻找自己旧日的足迹，渴望着这一次的远行，心中无数的波澜把我的快乐推向极致。科考队的队友们和我一样激动，在下榻的大自然酒店刚刚安顿好，他们就迫不及待地前往亚马孙河的河边，眺望河岸那边的热带雨林，猜想着探险经历会如何刺激与紧张。

▲ 亚马孙河

　　马瑙斯是我们亚马孙探险科考的基地，我们以这个城市为出发点，向下游也就是我们所说的白水河行驶500千米，沿途考察亚马孙植被类型的多样性、植物的结构特征与环境的对应关系。然后再返回马瑙斯，休整两天，再逆流而上，向黑水河内格罗河挺进500千米，继续我们相同的考察。这样，我们就能较全面地对亚马孙河河水呈碱性的白水河段与河水呈酸性的黑水河段的生物资源有一个正确的了解，以便为我们国家的热带雨林保护提供参考数据。

　　把亚马孙看成人类屈指可数的处女地并不过分，横跨南美洲40%面积的亚马孙原野，西面有高耸的安第斯山脉，北面和南面是较低的圭亚那地盾与巴西地盾，古老又年轻。1500年，西班牙探险家皮恩桑正在南美洲位于大西洋畔的"新世界"东岸探险，他驾驶一艘木船在波涛中颠簸，在大西洋的边缘发现了一条淡水带，绵延向远处延伸约

200千米。探险家的职业敏感告诉他，顺着这条淡水带航行，会有震惊世界的发现。于是，皮恩桑调转船头，沿着淡水带向内陆驶去。几小时以后，木船进入星罗棋布的岛屿群中，开始在漫长的淡水流域中前进。理性而浪漫的皮恩桑在这天的日记里记下了自己的观感，他把眼前的景致称为"淡水的海"。深邃、浩瀚的水域让他激动不已，但又苦于无法测量，他只好继续航行。又过了几小时，在离大西洋的河口约320千米的地方，皮恩桑见到了一条宽约64千米的河流，他流泪了——为大河的壮观，为自己伟大的发现。后来的事实证明，皮恩桑进入的正是亚马孙河的主航道。他以可以穿越历史时空的眼光，视死如归的精神，义无反顾的勇气，揭开了世界地理的重要一页。人类追寻着他的足迹，在这里幻想了500年，寻找了500年，至今仍无法破译亚马孙热带雨林与河流的全部密码。

亚马孙河的入口：马瑙斯

在世界探险史中，马瑙斯是一个比较重要的名词。这有一点像楼兰、尼雅，像珠穆朗玛峰、北极、南极……

1500 年，皮恩桑发现了亚马孙河，此后，世界探险家纷至沓来，为殖民主义者张目者有之，做科学研究者有之，猎奇者有之。面对亚马孙丰富的自然资源，人们怀着不同的心态、不同的目的，开始在亚马孙演绎悲喜交加的故事。而这一切，马瑙斯是亲历者，是见证人。

与年轻的亚马孙相比，马瑙斯更显年轻，它的历史大约只有 300 年，是亚马孙橡胶业蓬勃发展的产物。曾几何时，探险家——原始意义上的殖民扩张主义者的鹰犬，嗅到了亚马孙橡胶的味道。乳白色的橡胶，是工业化的必需品，是 19 世纪世界经济的增长点，它如同甜美的乳汁，喂养了一个个勇敢的冒险者和掠夺者。又是这些勇敢的冒险者和掠夺者，在亚马孙河的中上游建立了这座诗意盎然的城市。

城市中心的亚马孙歌剧院就是有趣的证明。在歌剧院里，面对舞台的是 22 根圆柱，每一根圆柱上都悬挂着一个肖像。对这 22 个肖像的好奇，引发了我对整个亚马孙的好奇。我在追问中得知，这些是橡胶王的肖像，是掠夺资源的英雄，是这座城市曾经的主人。亚马孙歌剧院有 110 多

年的历史，也就是说，马瑙斯在100多年前已经拥有了文明，橡胶王是马瑙斯文明的开创者，而橡胶的高额利润，使亚马孙河冲击出来的这块平原上崛起了这座新型的城市。

在世界著名探险家的日记里，马瑙斯的字样频繁出现，以白种人居多的探险家到亚马孙探险，第一站就是马瑙斯，他们在这里确定探险路线，补充给养，有的功成名就，成为政府、国王、商会、贵族们表彰的成功者；有的命丧黄泉，被时间残酷淹没。在我们到亚马孙之前，一位叫彼得·布雷克的新西兰探险家在亚马孙河离大西洋河口的

▼ 巴西亚马孙州首府马瑙斯

不远处遇难，他成功地完成了在亚马孙河上的航行，天灾未能挡住他的探险之路，人祸却把一名勇敢者的遗憾永远留在了亚马孙河。此番进入亚马孙，我的另一个心愿就是想到彼得·布雷克去过的地方凭吊下这位不幸的探险家。如果说广袤的亚马孙是探险家的乐园，那么，马瑙斯就是乐园的入口，是一个极其重要的起点。我们到亚马孙探险，马瑙斯是别无选择的地点，至于我们能够在迷宫般的亚马孙里发现什么，那是明天的事情，也需要运气来帮忙。

马瑙斯地处热带，天气炎热。一个世纪前橡胶王奠定了城市的发展基础，20世纪60年代政府又完善了马瑙斯的城市功能，并确立了马瑙斯旅游城市的地位。河岸码头，停泊着几十条大大小小的船只，船上载着来自世界各地的旅游者，他们站在船头，沐浴着亚马孙河湿润的风，所有的疲惫顷刻间被亚马孙河的景致融化。亚马孙歌剧院是马瑙斯的标志性建筑，晚上被灯光装点的歌剧院透出了圣洁的气息，街头乐队演奏着旋律简单却分外抒情的音乐，感染着路旁的听众。坐在歌剧院附近的酒吧里，可以看见歌剧院和街头乐队的表演，我们频频举杯，以这种轻松的方式表达着我们的心情。

其实，我们的心情并不轻松，每个人都知道，明天的漫长旅程不会一帆风顺。

▶▷ "卡西迪亚"号：探险之船

在马瑙斯逗留了几天，造访了一个幅员辽阔的植物园，参观了马瑙斯自然博物馆，走过几条街道，我们对这个河边城市的历史、人文、资源有了基本的了解。接下来要去看船了，沿着亚马孙河探险，没有船是不行的。

乘车向城市的西边行驶，路两侧是高高的棕榈树，经常可以看见小猴子在树上跳来跳去，一副无忧无虑的样子。所有的探险队员都在车上，辎重安置在车后，我们在看船的同时，也要把探险必需的辎重提前装船。汽车以 60 千米 / 小时

▼ 带领我们走进亚马孙热带雨林深处的"卡西迪亚"号

的速度行驶了 30 分钟，到达了一个名不见经传的小码头，码头上拥挤着 20 多条小船，河边有一个用船搭建的酒吧，几个皮肤黝黑的年轻人坐在临水的窗前，慵懒地喝着酒。最显眼的是离河边 10 余米的地方有一条大船，在这个似乎没有规则的小码头上颇有鹤立鸡群之感。船身为咖啡色，木结构，两层，有 30 米长 5 米高，船头的桅杆上一面红旗迎着亚马孙河的清风飘扬。显然，这是我们租借的船"卡西迪亚"号，它将伴随我们在亚马孙河上度过近一个月的时光，甚至会见证我们在亚马孙热带雨林里的重大发现。

一头白发的米盖尔船长站在船头向我们摆摆手，他慈祥的笑容被红色 T 恤衫映衬得更加温暖。米盖尔的个子不高，身体壮实，目光如炬，年龄已逾 60 岁，但他在船头上的那种神采，那

▼ "卡西迪亚"号船长米盖尔先生

份潇洒，分明属于年轻人。他是"卡西迪亚"号的主人，他将用自己丰富的经历，亲自带领我们走向亚马孙的深处，走向我们想去的地方。

水手们帮助我们将辎重搬到河边的小船上，然后离岸，靠近大船，再把一件件沉重的物品装上去。我们也是通过这种方式登船的，在米盖尔船长的带领下，参观了船舱、餐厅。船舱不足5平方米，两张小床一上一下。这样狭小的空间，仍设有一个卫生间。窗户仅有16开杂志大小，但不妨碍炽烈的阳光如水一样挤进来，使船舱明亮异常。餐厅设在甲板上，视角开阔，坐在这里可以观赏到无尽的风景。靠近船舱的地方有一个吧台，酒架上摆满了巴西产的甘蔗酒，一个个粗壮的酒瓶与四周的景致十分协调。尤久是一个黑人小伙子，他站在吧台的后面向我们微笑，并竖

▼ 尤久与女厨师

起一根大拇指。这个举动我们在巴西经常看到，它表示问候、夸奖、敬重的意思。尤久负责我们的生活，陪伴我们完成在亚马孙流域的全部工作。他是一个快乐、质朴的印第安后裔，他的故事以及他和我们的故事会在后面的章节里逐渐展开。"卡西迪亚"号在这个小码头上算是大船，但与真正的大船比，"卡西迪亚"号绝对是一艘小船。不过它适合我们，一支 14 人的科考队，有"卡西迪亚"号就足够了。

米盖尔船长领着我们一层层地参观，他的步履轻松、敏捷。与他交谈十分自如，他告诉我，天下的职业没有比船长更浪漫的了，为此他感到骄傲。我问为什么？他又说，船长的职业使他在一年的时间里，可以有半年的时间都在与大自然保持亲密接触。米盖尔说完这句话，向船头走去，望着他结实的背影，我愣了许久。后来我才知道，他是亚马孙流域的"活地图"，与世界许多著名探险家都有过接触。2001年，也就是我第一次到巴西的那一年，彼得·布雷克就租过他的船，令我惊讶的是，彼得·布雷克租用的也是这艘"卡西迪亚"号。对于探险家来讲，缺少当地的向导就等于盲人夜行。

有了米盖尔船长，有了"卡西迪亚"号，在亚马孙就不算盲人夜行了。

▶▷ 水有多深，河有多长

2004 年 8 月 5 日的下午，舵手坎达把沉重的铁锚拉上船，鲁道夫把跳板拆下，米盖尔船长站在掌舵的休又松旁边，指挥着"卡西迪亚"号离开了简陋的小码头，向河心驶去。

一路上，汽笛声如青烟缭绕，在亚马孙河的上空回旋着，久久不肯散去。船头上，中国国旗舒展着身躯，十分清楚地表明，中国人在远离故乡的土地上，在人类引以为荣的亚马孙热带雨林，迈出了探险的第一步，走进了科学探索的迷宫。

▼ 科考队员乘冲锋舟考察亚马孙河

▲ 亚马孙热带雨林是全球最大及物种最多的热带雨林

　　甲板上，也是我们吃饭的地方，科考队的队长陶宝祥和中国科学院的研究员、此次科学探险活动的首席科学家陈光伟正用望远镜向四周眺望。陶宝祥是著名探险活动家，陈光伟是我国改革开放后第一批考上中国科学院的硕士研究生，并在国外取得了博士学位，曾在国际科学机构工作，研究方向是自然资源保护与国家的可持续发展。中央电视台的记者刘鑫、张李彬、邹程，新华社、中央国际广播电台驻巴西的记者汪亚雄、李小玉，《北京科技报》的杨晨，《今晚报》的李贤、王津，他们在甲板上转来转去，等待着捕捉有可能出现的新闻。我们处在一个资讯爆炸的时代，新闻媒体越来越看重收视率，关注广大观众、听众、读者们关心的时事新闻、社会事件、奇闻趣事。这次他们不惜重金，随同科考队深入亚马孙拍摄、采访，也说明中国科学探险考察队的远征，已经引起了广泛的关注。

　　科学家以理性著称，站在船头上的是中国科学院水生生物研究所副所长、研究员、青年科学家聂品博士，中国科学院西双版纳植物园副园长、研究员、青年科学家曹敏博士，中国科学院动物研究所副研究员、青年科学家宛新荣博士，美国科学家、马瑙斯大学的访问学者克瑞斯博士，他们面对河边树种繁多的雨林，面对从河里一跃而起的河豚，似乎看到了自己即将收获的未来。

我和曹敏都来过马瑙斯，也是第二次笑望亚马孙河。在马瑙斯的大自然酒店，我们分在同一个房间，上船后又分在同一个船舱，是同龄人，话题自然多一些。曹敏是成就卓著的植物学家，与他朝夕相处，听他讲植物的故事，眼界大开。"一个物种可以拯救一个民族，也可以毁灭一个民族"，这是他对我说的令我震惊的一句话。曹敏诲人不倦地给我灌输亚马孙热带雨林的知识，他告诉我691.5万平方千米的亚马孙热带雨林是什么概念，它带给世界的影响又是什么？以往生态学家关心的问题，社会学家也开始关心。工业化把我们领到了现代化，促进了人类文明的进步，同时，工业化对环境又进行了毁灭性的破坏，使我们赖以生存的地球伤痕累累。亚马孙热带雨林也遭到了不同程度的破坏，但由于它的广袤，人为的破坏没有改变亚马孙对整个地球的调节作用，尽管商人们虎视眈眈地看着亚马孙，但它仍是地球保持青春活力的重要动力。另外，我们研究亚马孙，探求亚马孙，其目的是以拿来主义的态度，借鉴巴西人保护热带雨林的经验，以保护我们的热带雨林。

我们有多少热带雨林？我想知道这个数据，当曹敏说出来的时候，着实让我吃惊——云南省与海南省的热带雨林总面积约为10万平方千米。

691.5万平方千米与10万平方千米，相差悬殊。我感叹这种悬殊，也认可这种悬殊，国与国之间的资源不平衡，与文明无法平衡一样，是客观存在的，这好比我们有5000年的文明，他们仅有500年的历史一样。

▶▷ 白水河、黑水河

　　"卡西迪亚"号没有驶入亚马孙河的主航道，船头时而向东，时而向北，寻找着前进的方向。后来我才知道，"卡西迪亚"号在马瑙斯港湾周旋，是米盖尔船长的精心安排，他是想让我们有机会从不同的角度观赏他的故乡马瑙斯，因此，第一天的航行，"卡西迪亚"号始终围绕着这座河边名城前行。

　　从河上看马瑙斯的确赏心悦目，首先是那个绿色的穹顶，从歌剧院的房顶上耸立起来，直入云霄。马瑙斯高大的建筑寥寥无几，亚马孙歌剧院艺术化的建筑风格彰显了它的不同凡响，因此，站在船头远远眺望，即使听不到音乐的声音，仍能感受到旋律的起伏，细细体味，的确有一种非同寻常的审美享受。在船上还能看见只有一个钟楼的教堂。在天主教国家里，教堂林立，甚至让人熟视无睹。而这座教堂不同，有点像仅存一只翅膀的大鸟。我曾近距离参观过这座教堂，也觉得奇怪，就想知道教堂的另一个钟楼去向何方。原来，100 多年前的马瑙斯在拥有无限资源的同时，极度缺乏能工巧匠，没有足够的技术力量可以建造一座美丽的教堂。因此，在马瑙斯建造教堂的建筑材料需要在欧洲加工。船无疑是 18 世纪最廉价的运输工具，它把亚马孙的橡胶、木材运到遥远的地方，再从遥远的地方把石料、钢铁和加工成型的彩色窗户、灰色钟楼运到马瑙斯。有意思的是，运载这座教堂建筑材料的船，在亚马孙河上遇到了风浪，被雨水冲击，被狂风吹打，船开始摇摆，把一个钟甩进了滔滔的河水里。那一天的天气给待建的教堂留下了遗憾，又给 100 多年后耸立在亚马孙河边上的这座宗教建筑增添了传奇的色彩。离教堂不远的地方，是我们住过的大自然酒店，16 层的现代建筑显得十分耀眼。马瑙斯的现代建筑不多，保持着相对质朴和自然的风貌。因此，在河上行驶的"卡西迪亚"号上看着马瑙

▲ 亚马孙河是世界上流量、流域最大，支流最多的河流

斯，就等于看一幅法国印象画派的著名画家雷诺阿笔下的风景画。

有人在甲板上喊起来，人们开始争相拍照，我觉得奇怪，就离开了船头，穿过窄窄的走廊，想去看个究竟。陶队长指着河面说，我们到了白水河与黑水河的交汇处了。我扶着船边的栏杆，向下看去，泾渭分明的白水河与黑水河纠缠着，相互拥挤，谁也不肯妥协，在撕扯中拉出一条漫长而弯曲的线，景象壮观。这个场面我在第一次光顾亚马孙河时就已见到，并且，还在一个小河湾游过泳，第一次与亚马孙河的野性之水有了肌肤之亲。也是这一次的旅行，我明白了亚马孙河为什么会在马瑙斯形成这样的景观，白水河与黑水河又是从何而来。亚马孙河是由多条河流组成的，上游的一条支流内格罗河由于含有大量的腐殖质，河水呈酸性，黑色，人们习惯把它称为黑水河。其实黑水河并不黑，我曾在里面游过泳，透过游泳镜，所见到的河水是深棕色的，甚至可以看到突然从眼前游走的小鱼。我用茶杯盛过黑水河的水，看起来如同清水般透明。黑水河河水不含泥沙，它所流经的古老的圭亚那地盾被亿万年的雨水冲刷得十分干净，流经巴西西北部和委内瑞拉高地，再向南折入主河道。河水从经过的地方挟带使河水呈黑色的腐殖质，等到来到马瑙斯就会与亚马孙河（白水河）相遇。如同黑水河并不代表肮脏一样，白水河也不能代表素洁。白水河的河源在安第斯山脉，紧临太平洋。从安第斯山脉流下来的白水河叫乌卡亚利河，地理学家们一致认为乌卡亚利河是亚马孙河的主河源头。河两岸植被瘠薄，裸露的泥沙较多，被河水裹挟而下，使河水含有大量的碱性物质，河水泛白，民间就把这一河段称做白水河。黑水河与白水河从亚马孙河上游不同的方向汇聚到马瑙斯，两道河水并流而下，中间保持着一条清晰的分界线，绵延东去，在 80 千米以外，流量巨大的白水河逐渐把萎缩的黑水河吞没，从此，向大西洋奔去的亚马孙河就是一条含碱的白水河。

在马瑙斯才有机会看到如此特殊的景象，米盖尔船长尽管无数次从这里经过，他还是兴致勃勃地用他夹杂着葡萄牙语的英语，讲解着黑水河与白水河的知识。第一次看到黑水河与白水河交汇的记者们情绪激昂，他们把摄像机、照相机的镜头俯向河面，抓拍着眼前这个难得一见的画面。我靠着船尾的木栏杆，身边是悠闲飘动的巴西国旗（绿色的巴西国旗很像亚马孙流域的缩写），望一眼黑水河与白水河的分界线，觉得探险家们把马瑙斯作为进入亚马孙深处的第一站是明智的，这里是黑水河与白水河的相遇之处，甚至是亚马孙河真正开始的地方。

▶▷ 画如风景

　　真正离开马瑙斯，已是黄昏时分。亚马孙河的黄昏如一剂迷幻药，如同河边的涟漪，一层接一层地把人推向高度的兴奋状态，使人没有片刻的轻闲。

　　都说风景如画，其实这不公平，风景如画是贬低了风景，抬高了画。航行在亚马孙河上，我惊讶地发现，是画如风景，再迷人的画，与风景相比，都是逊色的。

　　离开黑水河与白水河的交汇处，记者们依旧没有放过这个不算发现的发现，他们打开笔记本电脑，记录着刚才那个短暂的观感。可是，亚马孙河两岸的绝妙风景，又使他们常常抬起头，感受着这片世界上

▼ 亚马孙的黄昏令人陶醉

独一无二的生态存在。

米盖尔船长对我们说，穿过眼前这条 16 千米长的支流，我们就会进入亚马孙河的主航道，一路西行，最后到达我们此番探险的目的地，也是米盖尔船长真正的故乡科阿里。这时候，我还不知道亚马孙河流域有上千条支流，其中内格罗河与马代腊河的一天流量都有资格与世界第二大河刚果河相媲美。那么，亚马孙河在世界河流的排名上居于何种地位呢？把它称为河流的世界之最是否准确呢？从河流的长度来看，尼罗河是世界最长的河流，但从水量和流量计算，亚马孙河是名副其实的世界第一大河。与大西洋相连的亚马孙河河口宽达 320 千米，汹涌的河水把大西洋的海水冲出 160 千米之外。经由这个河口流出的河水，占全球总河水量的 1/5，其一天的流量相当于泰晤士河全年的流量。亚马孙河的河床深不可及，高吨位的远洋轮船可以如入无人之地般向上航行 3700 千米。

从马瑙斯河湾向亚马孙河主航道航行所经过的支流，水面平缓，

▼ 亚马孙河有上千条这样的支流

一大群水鸟跃过稠密的树冠，向河面俯冲，似乎谁发出了命令，水鸟一同将脑袋扎进水里，一瞬间又离开水面，每只鸟都衔着一条银色的鱼。这种集团式的水鸟捕鱼，我还是第一次看到。在感叹水鸟高超捕鱼技术的同时，也感叹亚马孙河如此丰富的鱼类资源。衔着一条条鱼的水鸟飞向树丛，它们站在树枝上，大饱口福。黄昏独有的橘色光芒暖暖地撒在它们灰色的翅膀上，然后又向河面扑去，一时间，宽阔的亚马孙河金丝金鳞，在远方水淹林的衬托下，恍惚成了一个童话世界。

吉他弹奏出节奏轻快的乐曲，从船头向船尾飘来。我们靠在木栏杆上欣赏着亚马孙河的黄昏，又被耳边轻快灵动的乐曲迷住。我走向船头，看见舵手休又松躺靠在甲板上，背对着即将沉没的夕阳，抱着一把吉他，一边弹琴，一边吟唱，满脸活泼、欢快的表情。坎达在驾驶舱里扶着罗盘，也随着休又松的节奏吹着口哨。我向休又松竖起大拇指，称赞他的弹奏，休又松的一只手飞快地离开吉他，也对我竖起大拇指。休又松与坎达同是舵手，性格却迥然不同，休又松独处的时

▼ 河岸的树林

候喜欢弹琴唱歌，坎达喜欢聊天，并愿意与我们进入密林深处。

宛新荣把我叫到船尾，指着岸边的一棵树说，"你知道那是什么树吗？"这时我才发现，"卡西迪亚"号渐渐靠近了河岸，站在船上可以看见岸边不同种类的树，其中一棵离船最近，树的大半截淹在水里，树的颜色、树叶以及树花清晰可见。宛新荣是研究动物的，来到亚马孙对植物突然产生了兴趣，据他自己说，他读初中时就迷恋植物学。我不认识那棵挺奇怪的树——树干笔直，呈灰白色，树杈上的树叶不多，却吊着一朵朵粉红色的花，也像是一个个饱满的果实。小鸟站在上面，一口接一口地啄着，仿佛这个饱满的果实是天赐的食品。我苦笑着看一眼宛新荣说："你总是让我难堪，我怎么能说清楚这是一棵什么树。"宛新荣哈哈笑起来说："不是有意难

▼ 弹吉他的休又松

为你，我真的喜欢这棵树。你看，多漂亮，难道你不喜欢？"我真的喜欢那棵树，站在河里的这棵树与岸边的那些树不同，前者像中国写意画所画的树，简约、疏离，而后者就像西方油画所画的树，浓郁、厚重。这本是两种不同的风格，奇怪地出现在亚马孙河边，出现在我们的眼前。后来证实，喜欢恶作剧的宛新荣真不知道这棵树叫什么名字，我们一同去向曹敏请教，答案就有了——面包树，树枝上吊着的花或果实还真的像一个个的面包。

与曹敏共处一间船舱，想起面包树，继续向他请教。在他的描述下，我对面包树有了个大概了解。这是常绿乔木，热带树种，高10 ~ 15 米，树皮为灰褐色，粗厚，叶子羽状分裂，叶柄长 8 ~ 12 厘米。作为热带树种，它需要强光，生长快，耐热、耐旱、耐湿、耐瘠，但不能移植。

▶▷ 河上的晚餐

一棵树、一只鸟、一条鱼、一片水淹林，这些都是亚马孙的细节，这些细节我们都不敢忽略。跋涉了那么远的路程，就应该让自己对亚马孙的记忆充实一些，丰富一些。

除了睡觉，没有人愿意待在船舱里。岸上的风景、河上的风景让我们迷醉，甚至睡觉时都不愿意闭上眼睛。

站在船头，眼前不知不觉就变得暗淡了，远处的树林模糊成团状的物体，说像什么就是什么。船头切水的声音激烈起来，白天似乎没有这么大的声响，随着夜幕降临，两组大马力的柴油发动机发出的隆隆声有点震耳欲聋。

鲁道夫拉响了吃饭的铃声，当啷当啷的声音如流水声一样清脆。我们从不同的方向回到船尾的甲板上，这也是我们吃饭的地点。尤久在两排长条桌上摆好了盘子、勺、刀、叉子。在吃饭的问题上我们以"客随主便"的心态接受了米盖尔船长的安排：西式的用餐工具、西式的菜肴。甲板上所有的灯都打开了，餐桌上一片明亮。尤久把菜端上来，又把几瓶矿泉水、可口可乐，还有巴西特产瓜拉纳放到餐桌的一角。我坐在船尾靠栏杆的地方，挨着米盖尔。我倒了一杯矿泉水，看一眼餐桌，只看到 4 个大盘子，有一盘沙拉、一盘清炖蔬菜、一盘烧牛肉、一盘汤。样数不多分量多，足够 10 个人吃饱。米盖尔低声对尤久说了几句话，尤久动作敏捷地从冰柜里拿出若干罐啤酒，一一分给大家。米盖尔站起来讲道："这是大家第一次在船上用餐，也是诸位在亚马孙探险的开始，希望大家不要对今天的航行产生误解，艰难的旅程还在后面。"的确，今天在亚马孙河上的日子一帆风顺，是一种享受，说具体一点是一种美的享受，任何人都不会认为这是在探险科考，甚至都不信我们是去探险的。米盖尔的话引起了一片笑声，看来米盖尔对大家的心理了如指掌，解决了我们的困惑。最后，米盖尔说在今天这个难忘的日子，他请大家喝啤酒，庆贺我们的远行。按我们与米盖尔船长所签的服务协议，在船上用餐，喝啤酒的费用需要自己承担。那么，今天我们所喝的啤酒，就由米盖尔买单了。这点钱对米盖尔船长来说不算什么，我们每个人每天需向他支付110美元的费用，除去成本，米盖尔船长的赚头不小。

用刀叉吃饭，在座的人还算习惯。聂品在英国学习了6年，取得了博士学位，拿刀叉的样子挺像那么回事儿。曹敏在德国学习过一年，在美国的学校当过访问学者，当然是常拿刀叉。陈光伟在国际科学机构工作了那么久，装样子也装得差不多了。陶队长干什么像什么，在北京吃涮羊肉，喝二锅头，动作老道，在米盖尔的"卡西迪亚"号上，吃西餐的样子也显老道。记者们都是第一次出国，但他们是20世纪

▼ 临近夜晚的亚马孙河

70年代生人，是在网络中长大的一代，在北京请女朋友吃饭也少不了常跑西餐厅。米盖尔看着大家熟练地挥舞着刀叉，慈祥的笑容总是挂在脸上，情绪甚佳。我与他挨着，举杯向他敬酒，米盖尔高兴地说了一句中文"干杯"，有了这杯酒垫底，彼此之间的距离拉近了，我便找机会与他交谈，话题当然是与亚马孙河有关，与印第安人有关，也与我们所处的这片热带雨林的探险史有关。

我知道，米盖尔是亚马孙的"活地图"，他肚子里的故事、他自己的故事，一定能满足我对这个地方的好奇心。这天晚上，米盖尔第一次给我讲了一个印第安人的故事，他说，有一个白人来到亚马孙的印第安人部落，他在一个印第安人的家里看见一位母亲正在做陶罐。她非常认真地

▼ 作者与休又松、米尔干在一起

▲ 向导鲁道夫

和泥、制作、放在火上烧，做一个陶罐花去了半天的时间。中午，他的女儿从外面回到家里，看见那个刚刚做好的陶罐，不由分说，挥起手中的木棍把陶罐打碎。白人以为做母亲的一定会非常生气，甚至动手打她的女儿，可当母亲的什么也没说，就好像什么也没有发生过一样，依旧做她的陶罐。当打碎陶罐的女儿离开后，白人问道："你的女儿为什么要把陶罐打碎？"母亲回答："做陶罐是我的兴趣，把陶罐打碎是女儿的兴趣。"听罢，白人张口结舌，什么话也不问了。

我觉得这个故事挺幽默，但米盖尔没有做任何解释，讲完就忙他的事去了。我想，他是不是也像那个做陶罐的母亲，讲故事是他的兴趣，听故事则是我的兴趣。

▶▷ 亚马孙的星空

晚上 8 点，亚马孙的夜晚才算真正降临。尤久把餐具撤掉，又把餐桌上的台布换下，为我们倒了一杯咖啡，就站在吧台的后面，笑容可掬地看着我们。甲板是多功能的场所，工作、吃饭、休息，都依赖这个还算宽敞的地方。宛新荣代表科考队发布任何消息，也是在这块地方。所以，我在日记里把这里称为"科考队的议会"。

"卡西迪亚"号在距岸边 20 米的河道上航行，船体离岸近，可以免遭暴风雨的袭击，这是米盖尔船长的明智之举。我端着一杯咖啡，

▼ 热带雨林

倚在栏杆上，眺望着两岸的风景。洒满星光的亚马孙河可以让我们的目光延伸到很远的地方，我向船的后面张望，视角的广度可以使我清楚地看见两岸，这如同一只粗大的毛笔轻轻抹出的景致，朦胧、淡远，陡然呈现出诗的意境。不知为什么，我觉得眼前的一切似乎缺少点什么，一时间又想不出来，便耐心地向远处遥望。"卡西迪亚"号的汽笛呜呜响起来，探照灯的光柱向船的前方、两侧刺去，好像是在寻找潜藏着的敌人。这是米盖尔向四周发出的信号，他在告诉外界，"卡西迪亚"号正在亚马孙河上顺利航行。当"卡西迪亚"号的汽笛声消逝，两盏探照灯也突然熄灭时，我恍然大悟，知道眼前的景物缺少什么了，是灯、灯光、灯火。我在长江上航行，在多瑙河上泛舟，难以忘记的就是两岸耀眼的灯火。而眼下不见一丝光明，这与以往在江河上航行的经验不相符，就觉得有些别扭。我略一思忖，又恍然大悟了，691.5万平方千米的亚马孙，大多数的地方仍处于原始状态，尤其是河的两岸，见不到人类长期居住的痕迹。即使是亚马孙河沿岸的城市，规模都不大，人口也不多。以规模、人口计，那些城市超不过中国的县城。出现这种现象的原因有两点，一是巴西政府长期奉行限制开发亚马孙流域的政策，不允许外部势力对亚马孙的森林滥砍滥伐，保持亚马孙生态的相对平衡。二是诺大的亚马孙热带雨林里怪模怪样的病菌奇多，再加上常见的疟疾、登革热，就把一些人的扩张野心吓住了。

看着"卡西迪亚"号经过的地方，想象着亚马孙的历史，我对大自然的伟大不断发出由衷的感叹。船尾也是灯火通明，被"卡西迪亚"号拖着的3条小船相互拥挤着，尾随大船前进。离船最近的岸边树木繁茂，站在船上可以看见阔叶树雍容华贵的身影与被河水浸泡着的低矮的豆科树种。原始的亚马孙河，即使没有灯光照耀，也能依稀辨清眼中的风景。这是星光、月光的作用，这是宇宙赐予人类的不会熄灭的光明。

我坐在船尾一把白色的躺椅上，开始仰望天空。陶队长坐在另一把躺椅上，见我如此专注地仰头张望，笑着问我："亚马孙的夜空，好看吗？"我的眼睛还在看着天空，以至于没有回答陶队长的提问。眼前的天空好像在哪儿见过，又肯定不是在近期见的，这样的天空埋藏在记忆深

▼ "卡西迪亚"号船员坎达

处，滚滚红尘把我们的眼睛迷住了，也把天空迷住了，混迹北京，甚至连星星都没有见过。仰望久了，脖子有些酸痛，便低下头，对陶队长说："星星真多、真亮，月亮像水洗过一样。"陶队长笑起来，又说："是不是你在小的时候见过。"我蓦地抬起头，再一次眺望星空，银河似乎在轻轻涌动，而圆圆的月亮悬在中天，真如同一个耀眼的玉盘。满天星星，比我故乡的星星好像大了一倍，缀在青色的夜空，闪耀着蓝色的光芒。海底一样的夜空，像一个有弧度的穹顶，低垂着，似乎站在高处就可以触摸到一样，而天边的星星似乎就搭在远处的树冠上，兴奋地俯视着大地。这样晶莹的夜空，这样动人的月亮，这样纯洁的星星，只有在童年的时候，在乡下的柴禾垛上见过。那时候，我们睁着幼稚的眼睛，如水一样单纯，一颗一颗地数着天上的星星。在亚马孙河上，我已经过了数星星的年龄，可是我想起了数星星的岁月，那段短暂的岁月对我仍然是一种慰藉。

我站起来，走到陶队长的身边，叹了一口气，说，"久违了，这样的星空"。陶队长微笑着冲我点点头，说："天下的星空本是一家，为什么这里的星空与我们的星空不一样？"说完这句话，我们都沉默了，我想到此次的亚马孙之行，想起探险科考的目的——为了解更多的植物、动物，来保护我们的植物、动物，为看一眼这里的童话世界，来恢复我们的童话世界。

美国人克瑞斯

"卡西迪亚"号成了夜航船。

大多数人已回船舱休息去了，邹程摆弄着一个挺先进的玩意，正往国内发电视新闻。我与宛新荣坐在一旁聊天，开始谈论他的研究领域。宛新荣是动物学家，对老鼠非常有研究，即使我讨厌老鼠，但听他讲老鼠的故事，对老鼠也有了一点好感。他说恐龙与老鼠出现于相同的年代，恐龙灭绝了，但老鼠却没有，并顽强地活到今天。我问人类能够消灭老鼠吗？宛新荣斩钉截铁地说不能，如果人类消灭了老鼠，人类也就不存在了。

我和宛新荣正在讨论老鼠与人类的关系时，克瑞斯走过来，他热情地与我们打招呼，并坐在我们的身边。我拿过一罐啤酒给克瑞斯，他没有客气，打开后，就喝了起来。克瑞斯家住美国得克萨斯州，与当时的美国总统布什是老乡。我问他布什能否连任，他说自己对这个问题没兴趣，因为自己的兴趣在电鳗——亚马孙河里生长的可以放电的鱼。克瑞斯在两年前来到亚马孙，是马瑙斯大学的访问学者，巧的是，他到马瑙斯工作，也是他的一位中国朋友介绍的。那位

▲ 美国科学家克瑞斯

▲ 作者与克瑞斯在一起

朋友也是鱼类学家。也许因为自己的专业关系，他喜欢亚马孙，住了两年，还是恋恋不舍。去年，他在马瑙斯娶了一位离异的女人为妻，两人过得有滋有味。当年他来到马瑙斯，他的中国朋友就担心他会情陷亚马孙，甚至乐不思蜀。没有想到，他很快爱上一位父亲是葡萄牙人、母亲是印第安人的混血女人。

　　说清楚的是婚姻，说不清楚的也是婚姻，36 岁的克瑞斯就这样成了亚马孙的女婿。不仅如此，在克瑞斯与我们登船远行时，他的妻子已有了身孕。我问他想长期在马瑙斯住下去吗？他说等孩子生下来想回美国，可是妻子不同意，她离不开亚马孙，也找不出离不开亚马孙的原因，只是情感上接受不了。但她认为美国不错，现代化气息高过巴西，孩子在那里受教育再好不过了。我又问他的妻子是不是非常漂亮，克瑞斯笑起来，点了点头，说你是见过的，应该是在机场，我们与米盖尔一同去机场接你们。我喝了一口啤酒，想了想，记起了一个女人，挺胖，皮肤黑褐色，个子也不高，年龄有 30 多岁，她与克瑞斯站在一起，我还以为她是米盖尔手下的工作人员，无论如何也不敢相信她是风流倜傥的克瑞斯的妻子。以中国人的眼光来看，那个女人配不上克瑞斯，但这是我们的眼光，在克瑞斯看来，那个女人成熟、性感、漂亮、可爱。审美标准不一样，结果当然也就有差异了。

在亚马孙走进婚姻殿堂的克瑞斯，有谜一样的身世。他刚生下来不久，在利比亚工作的父亲就把他带到非洲，落脚在利比亚。后来他与父亲回到美国，在利比亚生活久了，刚回美国时还有点不习惯。后来他就在得克萨斯州读大学，学的是生物专业。他强调，他喜欢大自然里的一切，也就有兴趣进行研究。

我问他是否到过中国，他摇摇头告诉我，在美国读大学时，结交了几个中国朋友，介绍他来马瑙斯工作的中国朋友就是在那时候认识的，直到现在依然要好。我问他是通过什么渠道了解中国的，他说是通过互联网，还有像我们这样的朋友。提到亚马孙的科学价值，他的

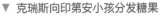
▼ 克瑞斯向印第安小孩分发糖果

眼睛亮起来，他说尽管我们对大自然的认识有了一定的深度，但亚马孙热带雨林里的奇特现象仍值得世界科学家关注。他研究的电鳗能放出 600 伏特的电压，这不是一个简单的问题，其中的奥妙可以让我们思索一辈子。电鳗的确神奇，此后，听克瑞斯讲电鳗，也觉得世界很奇妙。电鳗体内有一些细胞就像小型的叠层电池，当它被神经信号所触碰，电鳗激励，陡然使离子流通过它的细胞膜。电鳗体内从头到尾都有这样的细胞，就像许多叠在一起的叠层电池。当产生电流时，所有这些电池（每个电池电压约 15 伏）都串联起来，这样在电鳗的头和尾之间就产生了很高的电压。许多这样的电池组又并联起来，这样就能在体外产生足够大的电流。用这些电流足以将它的猎物或天敌击晕或击毙。

克瑞斯高高的个子，讲起话来彬彬有礼，一副有教养的样子。我说你是一个浪漫的美国人，克瑞斯的脸颊泛起了一片红晕，不好意思地笑起来，露出一排整齐的牙齿。

2

亚马孙河两岸

科考船上的清晨

　　叮叮当当的铃声把我的美梦破坏了，我蓦地从床上爬起来，伸头向床下看去，没有看见曹敏。曹敏起得早，一定是去甲板上拍照去了。我匆匆忙忙地走进狭窄的卫生间，打开水笼头，冲洗着被汗水沁了一夜的身体。亚马孙河的水被水泵抽上来，没有经过任何处理，就可以作为生活用水。水从我的头顶滚过，昨夜里的梦境渐渐浮现出来：梦里我在亚马孙河向一个长满绿树的小岛游去，顺风，游泳的速度很快，小岛的旁边有一棵面包树，像面包的粉红色果实摇晃着，远远地诱惑着我。突然，一颗果实落到河中，被水漂着，晃晃悠悠，就要被河水淹没了。

　　我加快速度向前游去，在我四肢不断划动的时候，我觉得有东西推动我的身体。我回过头，看见一只河豚友好地用厚重的嘴巴向前拱着，加快了我向前游动的速度，令我顺利地捞起了面包树的果实。梦挺温暖，想一想，饶有兴趣。我只把河豚推我的梦当成幻想了，可是，

▼ 探险队临时的家

▲ 水天一色

有一天米盖尔船长告诉我，河豚与人就是这样友好，它们经常游到人的身边，一同嬉戏，并能陪着人游很远的距离。听完米盖尔的话，我开始注意河豚，我觉得自己与河豚定会有一个神秘的约会。

洗完澡，我穿上新的衣服，推开船舱的门，一缕清爽的阳光射进来，我找来墨镜卡在鼻子上，贪婪地看着外面的世界。不知什么时候，"卡西迪亚"号停在了这片水域，附近都是被水淹至半腰的树林，一些树的枝头还开着淡蓝色的小花，眼前还有一条长长的白带，那是亚马孙河，它静悄悄地逶迤前行，流到了天的尽头。璀璨的光芒从薄薄的白云中穿过，洒在波浪轻涌的亚马孙河上，慢慢腾起一个舒展、洁净的意象，让人的内心世界突然开阔起来，澄明起来。船泊在树丛中，离岸有一点距离，影影绰绰可以看见高大的棕榈树和一些豆科植物。树林密集，能感觉到没有什么人来过这里，植被的原始状态说明眼前的景物还是一片处女林。我绕船一周，从不同的角度欣赏着画一样的风景，领略着超越人想象力的亚马孙热带雨林。

我顺着楼梯上了二层的甲板，去昨天夜里与克瑞斯、宛新荣交谈的地方吃早餐。大多数人都在，只有年轻的媒体朋友们没有来，想是他们夜里写稿、发稿很疲倦，顾不得吃饭了。我冲陶队长、陈光伟点了点头，就坐到可以看得见风景的位置上独自倒了一杯咖啡，尽量以

▲ 我们的早餐

优雅的姿态喝了一口，然后捡起刀叉，进入吃饭的状态。我向餐桌上扫了一眼，看到了一盘水果，红中透黄的木瓜渗出了汁液，菠萝如一片片黄色的玉石，似乎不情愿地叠在一起。西瓜只剩下一片了，孤独地躺在盘子的边缘。还有一盘木薯粉，这是印第安人的特产，我两次到巴西，对颗粒状的木薯不陌生。只是木薯太坚硬了，我不喜欢吃。面包、香肠、黄油，是世界上常见的食品，米盖尔也把它们带到了进入亚马孙深处的"卡西迪亚"号上。米盖尔没有忘记我们喜欢喝茶，他为我们准备了充足的红茶，茶壶被尤久端在手中，随时满足我们的需求。外国人的早餐简单得像份盒饭，没有中国人的名堂多，看着餐桌上丰富的食物，我也感受到了敬业的米盖尔船长的良苦用心。

吃完早餐，尤久飞快地把餐桌收拾干净，然后，陶队长和陈光伟开始布置今天的任务。宛新荣打开一张亚马孙的地图，陶队长在地图上比比画画，强调着工作重点和注意事项，仿佛我们不是在风平浪静的亚马孙河上航行，而是迈向了地狱之门。米盖尔站在一边，不停地补充，他粗大的手掌在地图上穿梭，为我们的亚马孙探险指引路径。

寻访无名岛

我亲眼看着坎达把拴在树上的绳索解开，也亲眼看着他把铁锚拽上船。这一连串的举动意味着我们即将出发了。

休又松启动了"卡西迪亚"号的柴油发动机，随着汽笛声的响起，船体移动了，先是向后退，调整好角度，就开足马力向前进。迎面是和煦的清风，两岸是碧绿的树丛，前方是开阔的河面，河里是我们的"卡西迪亚"号。

队员们站在船的两侧争先恐后地拍照，他们

▼ 进入无名岛的狭窄水道

想留下眼前匆匆闪过的画面，想把这一段的亚马孙河永远记录下来，不管怎么说，在南半球的旅行多多少少有一点传奇的色彩。但我很快发现了队员们不同的拍照选择，鱼类专家聂品喜欢拍水，植物学家曹敏喜欢拍树，陶队长跟我一样，什么都拍，克瑞斯的镜头愿意对着远处，宛新荣对昆虫感兴趣。记者们的焦点则是科学家，他们的镜头是为新闻服务的，因此他们的目的性显得最强。

"卡西迪亚"号在亚马孙河的主航道上航行了两小时，就向右侧转去，进入了一条幽深的支流。与主航道相比，支流相对窄一些，但两岸的树丛却格外的茂密，阔叶树巴掌大的树叶清翠欲滴，表现出十足的生命力。船速降下来了，我们可以看清楚树的细节。一棵挂满椭圆形褐色果实的大树进入我的眼帘，我飞快地把照相机的镜头对准这棵树，连续按下照相机的快门。没有人说得清这是一棵什么树，就连满腹经纶的陈光伟也默不作声，还是曹敏解开了我们的疑团。曹敏说这棵数叫炮弹树，椭圆形的果实坚硬如铁，开黄色的小花，我国云南也有这种树。有了答案的问题就不是问题了，议论炮弹树的人们分散四处，各忙各的去了。船继续在支流里航行，由于河道窄，两岸的树又高又大，使阳光很难照到这里，因此，河道的光线十分暗淡。船顺水航行了 1 小时，进入到一个宽阔的河面，太阳当空照耀，眼前豁然开朗。显然，这里是河水回流所形成的湖泊。羽毛鲜艳的巨喙鸟在天空上展翅飞翔，巨大精致的鸟喙像衔着一根造型别致的树枝。巨喙鸟为什么长这么大一个喙，一说是为了吃水果、捉鱼；一说是一种装饰。我觉得，两种说法都靠谱，在热带雨林，没有长嘴便难以享用河中的生物。

当巨喙鸟飞出我们的视野，眼前就有了一个被大树掩映的小岛，向鲁道夫询问小岛的名字，他摇着头，表示自己也是第一次来。问亚马孙的"活地图"米盖尔，他想了想，告诉我小岛没有名字。我问他怎么称呼这个岛，他说就叫它小岛。看来小岛是一个无名岛，亚马孙地大岛多，没有名字的岛屿比比皆是，并不奇怪。

　　"卡西迪亚"号就在无名岛简陋的码头抛了锚。

　　岛上没有人，中间地带有5间木材建造的房子，看房子的样式和房间里的摆设，就知道这不是印第安人的住处。客厅里有沙发，还有一架钢琴。卧室横放着一张木床，上面搭着蚊帐。院子里还有一个烤炉，笨拙的烤炉似乎还在散发着肉的浓香。西侧立着一间木材搭建的房子，里面放着一个浴缸。我对这个无名岛感到奇怪，对这几间木房子感到奇怪，无论如何也猜不出房子主人的身份。我跟着队伍走到无名岛的后侧，在岸边看见二十几个黑黑的、圆圆的东西，横七竖八地躺倒在一棵大树下。我走过去，踹了一脚，脚底有松软的感觉。我歪头端详着，觉得像我们国家的大坛子，肚子粗大，上口狭小，一副憨态可掬的样子。但它的表层富有弹性，没有坛子坚硬。恰巧鲁道夫从我的身旁经过，我把这位结实得像一块铁的印第安人后裔拉住，指着树下的圆东西问他是什么，做什么用？鲁道夫没有立刻回答我，他故作高深地看了看，又踢了一下，才说是橡胶。啊，橡胶，一定是原始

▼ 无名岛上橡胶王的别墅

的生橡胶，正因为它的存在，探险家们才有激情
来到这玄机密布的亚马孙。

在世界经济的发展历史中，橡胶是极其重要
的工业原材料，它极大地推动了现代工业革命，
为人类财富的积累奠定了雄厚的基础。橡胶的原
产地就在亚马孙，一个印第安人不小心划破了橡
胶树的树皮，看见了一个新奇的画面，撕裂树皮
的地方向外面渗透着白色的液体，顺着粗壮的树
干，流到了灌木丛中，给绿色的草地铺上了一块
"白毯子"。亚马孙的橡胶雄霸世界橡胶市场有
100多年的历史，亚马孙河沿岸的城市基本上都
是靠橡胶发展起来的。遗憾的是，橡胶种植技术
传到东南亚后，聪明的亚洲人迅速改变、提高了
这一技术，使东南亚的橡胶产量与质量超过了以

▼ 无名岛上的橡胶工人

▼ 印地安人的家

亚马孙为中心的南美洲，最终把亚马孙的橡胶挤出了世界市场。从此，亚马孙曾引以为荣的橡胶业衰败了，无名岛上的这些无精打采、遭到无情抛弃的生橡胶就显得意味深长。

我突然感悟了，这个无名岛曾是昔日橡胶庄园主的别墅，他们从欧洲而来，把心仪的物品随身携带到亚马孙的密林中，一边弹着钢琴，一边吃着烤鱼，一边审阅着来自北美洲的大额橡胶订单。在橡胶收获的季节，他们住在这里督战，迫使那些廉价的劳工为他们开采上等的橡胶。

回到"卡西迪亚"号，我遥望无名岛，觉得在这里沉寂的一切，诠释着人与自然的关系。

水淹林

"卡西迪亚"号顺原路回到起点，即早晨起来让我心旷神怡的地方。

鸟多了起来，群鸟飞行的场面非常壮观，单鸟独飞，常在天空划一条长长的曲线，尤其是擦过树冠的瞬间，诗意盎然。我靠在栏杆上，端着照相机胡乱地拍照。宛新荣走过来，与我聊起在无名岛上的观感，并告诉我下午的任务——考察一片漫无边际的水淹林。正说着，宛新荣跳了起来，眼镜差点掉进河里，他指向前方，高声喊道："蓝加蝶"。我立刻被宛新荣感染了，顺着他手指的方向看去，一只大蝴蝶扇动着翅膀，从我们的眼前飞过。毫无遮拦的阳光挂在蝴蝶的翅膀上，它的翅膀抖动一下，就会出现闪电式的蓝光，如梦如幻。应该说我对蓝加蝶不陌生，在圣保罗的古玩市场，曾看到大量的用蓝加蝶的标本制作

▼ 布满矮树丛的水淹林

▲ 水淹林

的工艺品，已失去生命活力的蓝加蝶在一个不大的镜框里栩栩如生地栖息在枯死的小树枝上。它们以生命为代价，成为狩猎者的生财之道。而眼下所看到的蓝加蝶是一只正在飞行的美丽蝴蝶，它自由地振动着翅膀，飞舞在青春勃发的枝叶间，这里有广阔的空间，有无比丰盛的食物。应该说，这才是一只真正幸福、美丽的蓝加蝶。

中午时分是亚马孙河最炎热的时刻，米盖尔船长让休又松打开船舱的空调，以便午饭后有一个凉爽的地方休息。也许是空调的动力不足，打开空调的船舱也不是十分凉爽，好在我们有充分的心理准备，知道与赤道咫尺之遥的亚马孙热带雨林有着怎样骇人听闻的气候。因此，我们可以在这个远离人烟的地方忍受一切煎熬。

下午4点，鲁道夫、坎达把两艘小木船从大船的尾部划到船体的右侧，打开船门，启动发动机，等待我们跳上小船。我们前往的水淹林只有小船才能进去，眼下只好舍大船登小舟了。米盖尔船长坐在一艘小船的发动机旁，带着科考队发的帽子，笑眯眯地看着我们一个个从大船上下来，又依次坐在小船上。午饭时他说他要亲自带我们去水淹林，那个地方宁静无比。小船的船头向上抬了一下，然后冲破河水，向前快速航行。我坐在米盖尔的前面，我愿意看他开船的样子，趁他不注意，抓拍了一张米盖尔船长开船的照片。

两艘小船向着夕阳航行，无疑，我们正向西去。在亚马孙河上很难搞清方向，如没有 GPS 海事卫星定位仪，我们绝对不敢长时间地漂流在亚马孙河的纵深处，死亡、杀戮在亚马孙广阔的流域不是新闻。小船灵敏地穿过支流，在水淹的树丛中前进，跟捉迷藏似的。从一条阴森的河道出来，眼前就是一片布满矮树丛的水面，不用说，这就是我们要来的水淹林了。

植物在水上漂浮，小船压出来的波浪使树丛左右摇晃着，远处是天尽头，夕阳即将西沉，红黄交杂的光线暖昧、温暖。一幅淡远、简古的图画。记者们抓住机会采访曹敏、陈光伟，询问水淹林形成的原因。原来每年的 3 月至 7 月，亚马孙河的北部就会进入雨季，10 月至翌年的 1 月，雨季则转到南部。雨季到来时，支流涨满，同时也将淹没低凹处的植物，使亚马孙河两岸约 100 千米的区域成为半淹的世界。雨季过后，洪水消退，这一区域的植物又会重新生长。

▼ 水淹林

考察湿地植物的生态特征，研究被水围困的植物如何保持自己的生命力，是我们来到这片水淹林的目的。我们之中唯一的植物学家曹敏忙开了，看着他工作的样子，我觉得他应该多长一双眼睛。我无目的地东张西望，欣赏着水淹林的奇特景观。热带树种有一点匪夷所思，一些树的树根，从水中翘出，成为树的支根，有规则地向远处延伸，攀援在其他树的身上。有些植物浮在水面上，展开的叶子与光结缘，满足自己的生长所需。还有一些植物更有办法，它们改变了向地面寻求营养的习惯，索性寄生在别的树干上，形成气根。有的树长着贮水器，用来接载雨水，等待洪水退却后独酌独享。水就这样改变了亚马孙的生态，又创造了亚马孙的生态。

终年在赤道低压控制下的亚马孙河，全年高温，盛行上升气流，成云至雨。 亚马孙河及其支流汇集，为热带雨林带来了充足的水源。其地形向大西洋敞开，保证了源源不断的水汽供应。因此我们说，亚马孙热带雨林，是真正的"地球之肺"。

▼ 比夜宁静的水淹林

▶▷ 遭遇树懒

我见过树懒，那是在马瑙斯的植物园。一个比猫大不了多少的小动物，挂在树枝上，一动不动，一副懒洋洋的样子。我本不认识树懒，是宛新荣指给我看的，不过我对树懒也并非一无所知，其实，来亚马孙探险之前，我对树懒这种与亚马孙独特的生态系统配合得天衣无缝的小动物做过一番研究。已发现的树懒共有两种，一种是二趾，一种是三趾，其行动如年迈的老人一样迟缓，都长着长臂长爪，常年倒挂在高高的树枝上，以树叶为生，每天需要 16 小时以上的睡眠，为适应倒挂树枝的生活，树懒毛发的生长方向与其他动物相反，从腹部向脊背逆生，使雨水能在它酣睡于树枝时顺畅流下……

亚马孙的动植物物种是世界科学家久谈不衰的话题，当然也是中国科学家关注的话题。在亚马孙，中国科考队的成员都有见到树懒的愿望，原因很简单，它是亚马孙的特产，是世界最大、最完好的热带雨林的独有生命。没有想到，在亚马孙河漂流的第二天，我们就与一只野生树懒相遇了。

傍晚，太阳消失在西部的雨林里，酷热的天气立刻凉爽了几分。我们地处南纬 3 度，离赤道只有 300 多千米之遥，强烈的紫外线和潮湿的空气，让我们的身体开始溃烂。这个时候，我们就喜欢站在船的甲板上，眺望亚马孙河两岸浓郁得令人窒息的树林和在黯淡的光线下执着西去的河流。风轻轻地拂面而来，身上的伤口也停止了疼痛，我们也就有心情休闲地四处张望了，于是就看见了树懒。

大船后面拖着 3 艘小船，这是我们进入亚马孙河支流湖泊的工具，它们在湍急的浪花里剧烈地摇摆，尾随大船前进。树懒趴在一条小船的右侧，神情十分紧张。一双温情的小眼睛紧紧盯着自己的前爪，担心自己掉进河中。这一幕，站在甲板上的人都看见了，议论之声响成一片。鲁道夫跳上晃动的小船，把树懒抱起来，回到甲板上，让大家观看。这只树懒刚刚成年，毛发呈灰黑色，三趾，眼睛有一道白圈，样子乖巧。见到我们既胆怯又害羞，常常用它的长臂抱住自己的脑袋。我向科学家们提出一个问题：动作如此笨拙，反应如此迟钝的动物，能够在热带雨林里生存，靠的是什么？答案是，树懒皮毛间的绿藻可以与四周的植物相混淆，并能长时间在一个位置上不动，不易引起攻击者的注意。另外，树懒倒挂树枝睡觉，长长的手臂可以使身体悬空，以致劲敌野猫攻击时将一筹莫展，甚至会掉进河水里。以静制动是树懒的生存战略，也是科学家感兴趣的问题。科学家最愿意说的话就是"为什么"，眼下，他们就对树懒为什么在小木船上出现进行推理、判断。最后的结论是，这是亚马孙优良的生态环境促使了动物的扩张行为。树懒是为了去河的另一岸拓展生存空间，才

▼ 呆萌可爱的树懒非常招人喜爱

离树涉水，由于体力不支，才爬上停泊在河边的小木船。另外又证明，亚马孙河水域的辽阔，使在此生存的哺乳动物基本都会游泳，这是生存必需的。随后，科学家们量了树懒的长度，又称了树懒的体重，将树懒的有关数据记下，便把它关到船舱里，等到天黑时将它放回到大自然。

夜晚，亚马孙河上空繁星点点，月光倒映在清澈的河水里，泛起一层白光。这样的星星，这样的月亮，仅存在童年的记忆里。我们到亚马孙来，既是体验往昔纯净的生活，又是为了改变长时期来不尊重动物、植物的可怕观念。为了放回树懒，船长已下令停船。鲁道夫率先跳上小木船，解开缆绳，启动发动机，喊我们上去，然后开船。我又一次看见了树懒，它抓着船舱的挡板，低垂着头，默默无语。我用手拍拍它的脑袋，它也佯装不知，似乎自己仍在亚马孙的密林里自由自在地生活。我一直盯着树懒看，不一会，它透过挡板的缝隙，偷窥我们，见我望着它，目光马上转向一边。

小木船驶进河边的树林，鲁道夫打开手电筒，寻找树懒赖以生存的大树。鲁道夫觉得靠河边的树危险，又开着小木船驶向密林深处，最后停在一棵大树旁，为树懒寻找家园。几只手电筒的光在树林里交织着，被惊醒的鸟叫起来，振翅飞向夜空。我把树懒抱起来，交给鲁道夫。这时我发现，树懒睁大着眼睛，看着树林，并轻轻喘息起来。它靠在鲁道夫的肩头，向树顶张望。一定是亚马孙热带雨林特有的气息让它找到了回家的感觉。鲁道夫把树懒放在一根坚固的树枝上，离开人体的树懒抱着树枝，慢慢向树顶爬去。在它爬到另外一根树枝时，回转头看看我们，那种奇怪的表情使大家笑起来。在笑声中，树懒继续爬行，最后被大树浓密的树叶覆盖，踪影皆无。

树懒消失的那一刻，宛新荣带头鼓掌，掌声又把一只大鸟惊飞，它抖动翅膀的声音，好像在与我们合奏。

夜半清谈

　　夜幕降临的亚马孙河并不显得黑暗，再加上有"卡西迪亚"号探照灯的照耀，站在船头，可以看见很远的地方。但是，米盖尔船长还是不放心，他常进入驾驶舱，观察着前方的路况，他心系着一船人的安全，他总想把"卡西迪亚"号即将经过的路途看个清楚。

　　我住的船舱就在驾驶舱的隔壁，夜里可以听得见休又松播放的音乐以及他哼唱的歌曲。曹敏正往笔记本电脑里传送照片，灯光暗，阅读也是一件吃力的事，我就从床上跳下来，推门走到驾驶舱。米盖尔冲我微微一笑，用葡萄牙语说了一

▼ 米盖尔船长教我开船

声"晚上好"，便又目视前方了。我就站在米盖尔的身旁，看着他娴熟地操纵着"卡西迪亚"号平稳前进。蓝色的天光把河两岸的树冠涂得一片青白，常有流星划下天际，优美地落在遥远的树林深处。站了许久，我才看见远处的一束移动的白光，那是一艘船的探照灯发出的光芒，它从亚马孙下游逆流而上，与"卡西迪亚"号擦肩而过。这时，两艘船的汽笛一同鸣响，是致意，也是发给对方的通行信号。在寂静的亚马孙河上，汽笛声高昂、嘹亮，把岸边的树林震得沙沙响。我目送那条船渐渐远去，直到船的身影在河湾处消失。在亚马孙河夜行，很难看见其他的行船，本来稀少的商船一般都选择白天航行，我们的时间紧，必须赶路，就很少在夜里停泊。

不知什么时候，我们的首席科学家陈光伟站在了我的身后，我看见米盖尔与他打招呼。米盖尔走出船舱，亲密地拍了拍我的肩膀，又与陈光伟说了几句英语。陈光伟对我说，米盖尔想与我们聊聊，不知有没有兴趣。我连连点头，表示同意。已是半夜时分，我们3人上了二楼的甲板，坐在餐桌旁，漫无边际地聊了起来。尤久从冰柜里掏出3罐啤酒，放到我们的面前，夜半清谈，有啤酒相伴，就有了雅意，有了情趣。

我一直对米盖尔船长的身世感兴趣，他对大自然的眷恋，始终感动着我，今天，如此近距离地倾心交流，是探释这位亚马孙奇人的最佳机会。米盖尔谈话的语调平实、缓慢，声音富有磁性，谈话时的目光如河里的一片树叶，慢慢漂到了很远的地方。

米盖尔生于1940年，他的家族是在祖父时代从葡萄牙来到巴西的。遗憾的是，米盖尔没有见过祖父，但他依然记得祖父传奇般的经历。开始，祖父来到巴西的东北部，由于那里干旱，才来到橡胶业发达的亚马孙流域，落脚河边小城科阿里。科阿里是亚马孙橡胶的一个集散地，米盖尔的祖父在这里很快找到了感觉，收入日增，并组成了一个家庭，妻子是一位漂亮的印第安姑娘。可是，好景不长，在科阿里祖父见到了一个仇人，他便想找机会杀死那个人。然而，那个人很狡猾，使祖父杀人的计划落空，为躲避仇人的报复，祖父趁夜划一条小船狼狈地逃往马瑙斯，又在一个葡萄牙人的帮助下，跑到了欧洲，从此杳无音信。祖父留下了妻子和3个孩子，他们凭着自己的本事在科阿里顽强地奋争。其中的一个孩子长大后娶了妻子，生下了米盖尔，不久，全家搬到了亚马孙的中心城市马瑙斯。米盖尔在马瑙斯接受教育，高中毕业后当过小学教师，后在亚马孙河的上游务农，又在造船厂当工人。19岁这年，米盖尔来到部队服兵役，退役后成为马瑙斯第一个空调推销员。在商场上，米盖尔积累了一定的经商经验，被瑞典沃尔沃公司看中，聘为亚马孙地区的销售代表。其间，米盖尔到美国、瑞典、委内瑞拉学习发动机原理，极大丰富了自己的机械传动知识。一路下来，米盖尔积累了一定的财富，也在不知不觉中人到了中年。这时候的米盖尔春风得意，有3个女儿，一个儿子，在马瑙斯修建了一栋宽敞的大房子。

▼ 作者与米盖尔船长在一起

20 世纪 80 年代米盖尔刚逾不惑之年，他辞掉了所有的工作，买了第一条船，终于实现了当船长的夙愿。米盖尔把船看得同生命一样重要，又时刻迷恋着大自然，愿意与人打交道，有了船，这一切就会梦想成真。记得刚刚认识米盖尔时就听他说过，他每年必须用自己一半的时间保持与大自然的亲密接触。在亚马孙河航行的船给米盖尔带来了乐趣，也带来了财富，几年以后，他又买了 3 条船，全部投入到在亚马孙河的运营中，这让他感觉很美好。

米盖尔常年往返于亚马孙河，成为远近闻名的成功船长，但他没有忘记亚马孙流域的穷人。米盖尔的母亲是印第安人，他也把自己看成印第安人的后裔，有了钱的米盖尔成立了以母亲的名字命名的基金会，目的是帮助那些穷人。基金会在亚马孙河的上游，也就是黑水河段附近的一个小城里，现在已安置了 20 余人，他们在米盖尔的女儿、女婿的指导下，用废木材制作一些富有印第安风情的工艺品，销售所得一部分作为工资，一部分用于公益事业。

我说自己很想去基金会看看，米盖尔说，第二阶段的探险就在黑水河，到时候陪我们去。停了一会儿，米盖尔又说，彼得·布雷克还在基金会的院子里种了一棵树，相信我们一定会感兴趣。我的眼睛一亮——彼德·布雷克！在亚马孙河遇难的新西兰探险家，真的离我们这样近吗？

坎达匆匆走到米盖尔的面前，他说我们的船已经进入了马纳卡布鲁湖，是否可以抛锚停船，以便明天队员们去马纳卡布鲁小镇。米盖尔点点头，表示同意坎达的安排。

马纳卡布鲁一瞥

马纳卡布鲁是一个小城，按我们的习惯，把它称为小镇似乎更合适一些。这里没有高大的水泥砖混建筑，河边也没有一个像样的码头，站在船上放眼看去，马纳卡布鲁很像一个没有修饰的健康孩子。

"卡西迪亚"号向堤岸靠近，找不到恰当的连接处，只好把跳板搭在堤岸的台阶上。跳板悬空，颤抖着，走在上面有惊恐的感觉。它是我们上岸的唯一途径，别无选择，尽管动作变形，又引起了当地人的围观，大家还是心惊胆战地踩着跳板走进了马纳卡布鲁。

这是沿河而建的小城，离码头不远处，有一个精巧的小广场，广场中央立着一尊塑像，看塑像下面的文字介绍，知道此人是马纳卡布鲁的开拓者，曾担任过小城的行政首长。与广场处于同一条水平线的

▼ 大家踩着跳板心惊胆战上岸

是临河的街道，面对亚马孙河上往来的船只，透出一股清淡的商业气息，与晨雾、阳光、晚霞协奏，弹出的也是旷达的声响。米盖尔领着我们走进了这条商业街，他穿着一条短裤，脚蹬一双凉鞋，穿着蓝色的T恤衫，步履轻捷。在船上他就说了，在马纳卡布鲁能买到大鱼，晚上我们就可以看着落日饱尝巴西的烤鱼了，领略一下亚马孙河的另一种美味。米盖尔的一番话，让我们垂涎三尺。因此，我们兴高采烈地尾随米盖尔来到马纳卡布鲁的鱼市。临河的商业街幽深、漫长，经过一个小赌场和十几个杂货店，我们就闻到了鱼腥。水生物专家聂品幽默地说，闻过这样的味道，就会感觉到我们吃的鱼在"美容院"里待的时间太长了。他指的"美容院"一定是那些人工开发的鱼塘。

马纳卡布鲁的鱼市还是一个初级市场，四面透风的简陋建筑与整个环境协调统一，没有多少特点。但是，摆在案头上的鱼就让我们大开眼界了，甚至在鱼的世界里见过大世面的聂品也连连感叹。我数了数，一尺长的鱼就有30余种，形状各异，颜色也不同，我叫不出它们的名字，聂品能说出鱼的科属，可是当被问及鱼的具体名字时，也张口结舌、语无伦次，可见亚马孙河鱼的种类多到了什么程度。长着厚厚的黄色鱼皮的大鱼，让我们惊叫起来，它足有120厘米长、30厘米宽，鱼贩用尖利的刀子划开了鱼的肚子，暗黄色的鱼油渐渐流了出来。鱼刺——这哪里是什么鱼刺，简直就是一根根坚硬的肋骨，从鱼肉中翻出来，如同一把锐利的匕首。鱼贩发现我们对这条大鱼感兴趣，索性提起来，笑对着我们，于是，照相机的快门响成了一片，闪光灯刺眼的光芒也不断地跳跃，鱼贩和这条鱼就成了我们永恒的记忆。鱼贩友好的举动得到了回报，米盖尔买下了这条鱼，他计划把它放进烤箱，烤熟后分给大家吃，炙烤的浓香将会在"卡西迪亚"号上飘荡，我们也会找到大快朵颐的感觉。

当鲁道夫、坎达抬着大鱼同米盖尔船长返回"卡西迪亚"号时，我们就开始分头行动了，汪亚雄、李小玉、杨晨、王津等人去网吧上网发稿，陶宝祥、陈光伟、聂品、克瑞斯去了河岸，我和曹敏、宛新

▶ 市场里随处可见这样的大鱼

荣则向小城的一座教堂走去，没有什么目的，就觉得那里挺宽阔。教堂的方向应该是小城的南部，途经一个报刊亭，所卖的都是葡萄牙语的读物。信步来到教堂前，看到一个大广场，比码头前的广场足足大了5倍，中间有一大块草地，一群鸽子在那里慵懒地觅食。我端详着教堂，发现教堂周身被草地一样的绿色涂抹着，庄严气少了几分，而轻松、自然的调子明显多了起来，与马纳卡布鲁朴素的风格相协调。教堂不高，没有精雕细刻，它展现的是宗教质朴的一面，没有顾及宗教的神圣与超越。但我感觉这样的教堂离人更近一些，更亲一些。我们在教堂前拍照，这时，几位少女从我们的身边经过，她们惊奇地看着我们，一脸阳光般亲切、迷人的笑容。宛新荣与她们打招呼，请其中的一人为我们拍了一张合影。宛新荣又要求与她们几人合影，她们愉快地答应了，兴奋地站在了我们的身旁，又一脸阳光地看着镜头。快门响过，我与一位皮肤黝黑的小姑娘轻轻拥抱一下，表达着自己美好的感觉。宛新荣看见街头有一家露天酒吧，提出请她们喝可乐，几个结实、健康、单纯的女孩子相互看了一眼，点点头，答应了宛新荣的邀请。落座以后，每个人要了不同的饮品，然后交谈起来。几个少女讲不好英语，间或夹杂一些葡萄牙语单词，好在曹敏、宛新荣都是受过严格训练的一流学者，他们扎实的英语功力弥补了对方的不足。她们的家都在马纳卡布鲁，去过最远的地方就是马瑙斯，因为，从马纳卡布鲁到马瑙斯不仅有水路，还有一条公路。其中白皮肤的小姑娘说，亚马孙河下游的城市只有马纳卡布鲁有公路通往马瑙斯。在她们的心目中，马瑙斯是富饶、美丽的存在。她们都知道世界上有一个叫中国的国家，但不了解，我们是她们平生第一次见到的中国人。她们心目中的中国也像马瑙斯一样富饶、美丽。我问她们，长大后想不想到大城市，比如圣保罗、里约热内卢、马瑙斯去生活，她们笑而不答，许久，那个在我身边照相的黑皮肤的小姑娘反问我，为什么要去那里

▼ 与马纳卡布鲁的少女在一起

▲ 在马纳卡布鲁

呢，难道马纳卡布鲁不好？我笑一笑，没有说什么。面对如此纯洁的生命，我不能再说什么了。

宛新荣看一眼手表，提示我们该回"卡西迪亚"号上去了，受他的影响，我也下意识地看了看手表。我们的举动被几位少女看在眼里，那个皮肤黝黑的小姑娘对着曹敏、宛新荣和我急速地说起来，曹敏的目光透过厚厚的镜片，慈祥地看着她们，等小姑娘不再说了，才把她刚才所说的话翻译出来——她们希望我们再坐一会儿，因为我们一走，今生今世有可能不会再来了，甚至记不住这个叫马纳卡布鲁的小城市。我的心头一热，差一点流出眼泪，为小姑娘的真诚、伤感，也为我们萍水相逢的理解、信任，以及生命之间飘荡着的真挚的爱。

当我们撤下"卡西迪亚"号搭在码头上的跳板，当我们的船渐渐远离马纳卡布鲁时，我伫立在船头，远远地看着那座质朴的教堂，在内心深处为刚刚分别的几位少女祈祷。她们说对了，今生今世我们很难有机会再度重返这个宁静的马纳卡布鲁小城了。

▶▷ 水边的人家

　　作家说家庭是一个地区的细节，植物学家说家庭是一个地区生态的细节，我觉得两者说的都对。想了解亚马孙地区人类的生存状态，走进一户印第安人的家庭，在短暂的时间里体验一下他们的悠久岁月，应该是明智的选择。在马纳卡布鲁，我们在鲁道夫的带领下，乘车来到离小城有２０千米之遥的亚马孙河边，步入一个长满树木的小院子，在摇曳的芒果树的欢迎下，来到了欧亚卡的家。

▼ 印第安人水边的家

穿过一条狭长的走廊，下几节台阶，就迈进了欧亚卡的家——一个别有洞天的小院子。前面有5间木制的平房，四周是野生的芭蕉、棕榈树和一些豆科双叶植物。欧亚卡不到40岁，穿一件咖啡色短裤，打着赤脚，裸露着咖啡色的皮肤，骨骼结实，笑起来与在马纳卡布鲁教堂前见到的小姑娘一样，单纯、坦然。我与聂品打趣道："您看，欧亚卡的笑也是没有污染的笑，多像他家后院的亚马孙河。"宛新荣拿聂品取乐道："聂品就没有欧亚卡的笑，当科学家、当所长，想笑也困难。即使笑也是皮笑肉不笑的。"其实聂品喜欢笑，笑起来很放肆，尽管与欧亚卡相比，聂品的笑有一点被社会异化的味道，但是，我还是挺喜欢聂品的，他聪明，但不虚伪，冷静，但不阴暗。

在欧亚卡的家，我们坐在院子里的椅子上聊天，不经意抬起头，就看见了这样的场景——毛发灰色的小猕猴从一棵棕榈树上跳到芭蕉树的顶端，因芭蕉树冠湿猾、松软，小猕猴滑落到了地下。另外几只也学这只的样子，先后滑下来，也先后落到地下。落下来的猕猴相互看看，旁若无人地走向我们，渴望我们给它们食物。欧亚卡的儿子小欧亚卡抓了一把木薯粉做成的食物撒到地上，猕猴也不争抢，像绅士一样挥动着毛茸茸的手臂捡起来一粒慢慢品尝。这时候，几只叫不出名字的鸟从天而降，它们大胆地啄着小欧亚卡手里的食物，又与猕猴争抢起来。小欧亚卡拍拍手，示意自己什么也没有了，就来到我们的身边，笑嘻嘻地看着我们。曹敏问他叫什么名字，他只笑不答，聂品说这里的孩子听不懂英语。小欧亚卡不足5岁的样子，赤身裸体，与欧亚卡长得很像，肤色、骨骼、五官，如同是用一个模具铸成的。我问这些猕猴是养的，还是野生的？聂品肯定地说是野生的，他指了指四周说，这些树也是野生的，目光穿不透树丛，你们不妨一试。曹敏点点头，同意聂品的观点，然后又说，与大自然保持这种联系，世界上恐怕只有亚马孙流域了。宛新荣说，即使有也不会有亚马孙地区的原始规模。正说着，一只与树叶相同颜色的蜥蜴爬到芭蕉树宽大的叶子上，在运动中，以飞快的速度捕捉到一个猎物，然后看着天空，美美地品尝。我们都看到了这只蜥蜴，它通体碧绿的色泽描绘了一幅美丽的图案，它动静相连的肢体语言述说着大自然的奥秘，它的目光包涵着生命的渴望，似乎一次又一次地与我们艰难地沟通。我想，它认识我们，在它的眼睛里，我们也是有别于它的动物，也许还会嘲笑我们用两条腿走路，并想一些乌七八糟的怪念头折磨自己。

欧亚卡把一盘水果端上来，盘子里的热带水果我不陌生，在船上，米盖尔就指着它们，一遍又一遍地说着它们的名字，他想我们记住了这些水果也就记住了亚马孙。

我把欧亚卡的家称为浪漫的小屋，我眼睛里的小欧亚卡是童话世界里的王子。可是，我们访问欧亚卡家不是为了给影视剧组选择拍摄的景点，我们打算在这户印第安人家的短暂逗留中，了解他们的日子，拥抱一下他们被大树、清水、猕猴、蜥蜴装扮的诗化生活。

欧亚卡在马纳卡布鲁的一艘船上当舵手，每个月要去5次马瑙斯运货，所运的货基本上是生活必需品，有盐、酒、面包、香烟、碳和衣物、毛巾、纸一类的东西，能收入1000黑奥，足够一家人的生活开支。妻子也是印第安人，我们都见过，只是欧亚卡的妻子不爱说话，见我们坐在院子里，她就在房间里干家务活，偶尔会冲我们礼貌地笑一笑。夫妻俩育有4个孩子，我们见到的是最小的一个，两个大一点的孩子都在外面工作，最大的一个已经结婚，刚刚生下一

▲ 可爱的小欧亚卡

▲ 织渔网的印第安人

个女孩，长得比妈妈还漂亮。老三正在马纳卡布鲁读中学，学习成绩不错，长大后打算报考圣保罗大学。圣保罗大学我去过，是南美一流的公立大学，只要考进去，学校不收一分钱，并且就业机会多得像亚马孙河里的鱼。欧亚卡所住的房子是他的父亲留下的，至于是哪一年修的或买的，都已说不清。我问他，想不想像大孩子一样去外面工作，他笑着摇头，指着周边的环境说，外面有像天堂一样的家吗？我相信没有。

我们都笑了，我确信，我们的笑没有被功利左右，也没有遭到世俗的污染。

捕鳄鱼记

晚餐依旧是在船上吃的，"卡西迪亚"号的厨师为适应我们的口味，烹饪的菜肴别具一格，既有巴西风味烤鱼，也有面条米饭；既有啤酒，又有巴西特产甘蔗酒。一路吃下来，我们的体重就如同丰水期的亚马孙河，无时无刻不在提高。

尤久在收拾杯盘狼藉的餐桌时，鲁道夫和另外一个水手坎达开始发动小船，他们把小船移到大船右侧的吊板旁，招呼我们到小船上去。我们一共十几人，分乘两艘小船驶向黄昏中的雨林。我坐在小船的尾部，发现队友们都穿上了防雨的长衣长裤，视野尽处是墨绿色和橘黄色相交织的独有的热带风景，那是亚马孙河的河水、雨林、夕阳共同创造的。站在船头的坎达低声讲述着亚马孙鳄鱼的故事，并预言我们的此次之行一定会捕捉到鳄鱼。

捕捉鳄鱼，对我来讲够耸人听闻的，别说捉它，就是看上一眼我都会心惊肉跳。不过亚马孙之行的目的之一就是对这一区域的动物进行了解，那么，捕捉鳄鱼就是必要的环节了。我们没有这个本领，听鲁道夫说坎达是捕捉鳄鱼的高手，于是请求他帮助去水淹林的深处捕捉鳄鱼，做动物科学的考察。

船向着夕阳行驶，宽阔幽深的亚马孙河如一曲交响乐，一个层次又一个层次地展现着自己的旋律。岸边的密林相互交织，偶有一个巨大的树冠突兀地升起，颇有鹤立鸡群之感。夕阳沉在河里，河水变成了黑红色，光晕向河的两岸散去，河面的层次感异常清楚。船画了一条弧线，转向河右侧的支流，树荫浓郁，眼前顿时暗淡起来。我摘下墨镜，四处看去，河面只有10余米宽，水淹林的树冠几乎相触，藤蔓曲折而下，如一条长蛇钻入水中。水面被蕨类水草铺满，紫红色的水草拥挤在一起，如一张色彩独特、图案别致的土耳其地毯。船从上

▲ 鳄鱼出没的地方

面驶过，粗暴地将水面撕开，只是船一旦过去，水草又合拢在一起。支流的纵深处，自然枯死的树木横躺在河面上，矮树丛有规律地分布在大树下面，显得十分阴森。船的发动机在这个时候熄灭了，掌船人用木桨划行。大家都知道到这里来干什么，不用谁说，彼此都不出声，任水流声弥漫。鲁道夫向我们摆手，示意捕捉鳄鱼的时刻到了。

　　一束耀眼的光柱平射出去，这是鲁道夫手中的探照灯在矮树丛中寻找猎物。光柱特别亮，所照到的河面一片苍白。坎达趴在船头，目光如炬，随着光柱渐渐平移。大约有 10 分钟的时间，坎达把手举过头顶，示意这里没有鳄鱼。鲁道夫把船向前划去，船头冲破河面的声音细碎但节奏分明。河面时宽时窄，两侧的树丛时高时低，高大的树冠总有一些树枝摩擦的声音传过来，那是亚马孙猿猴在蹦跳，它们知道有人来到自己的领地，在相互通知，以避免被袭击。天空是窄窄的一条，却格外的明亮，深蓝的夜空布满群星。从河上望去，仿佛是沉浸在夜晚的一条高速公路，星星则是汽车的车灯。我问旁边的队友道："猜猜，这里像在何处？"队友没有回答，我又说："像地狱，也像天堂。"队友恍然大悟似地向我竖起了大拇指。

船再次停在由树丛围起的河叉里，鲁道夫手中的灯打开了，灯柱缓缓地移动。坎达纹丝不动地趴在船头，警觉地看着前方。灯柱突然停在一处，我向那里张望，只看见一株矮树和矮树下面的水草，余下的是漆黑一团。船渐渐向那里移动，我们屏住呼吸，有点紧张地随船而行。在靠近矮树的时候，只听见一丝微小的声音，就有人欢呼起来，表示坎达抓住了一条小鳄鱼。我几乎不信，

▼ 刚被捉到的鳄鱼惊恐万分

自言自语地说："是不是变的魔术？"在坎达身边的聂品否定了我的猜测，他说他亲眼看见了坎达捕捉鳄鱼，同时，不友好地看了我一眼。欢呼声响成一片，鲁道夫手中的灯头转向船舱，随即在坎达握着鳄鱼的手上停下。鳄鱼有六七十厘米长，棕黑色，眼珠凸起，不知是紧张还是凶相毕露，一直张着血盆大口，冷漠地看着我们。研究动物的队友拿出尺子量着鳄鱼的身长、高度，前爪和后爪的厚度与宽度，又辨别了鳄鱼是雌性还是雄性。此时已是夜半，月光下的水道与水淹林清晰可见，透着一丝阴冷。我没有看见坎达捕捉鳄鱼的过程，总觉得眼前的一幕是在演戏。队友提议把鳄鱼带回大船上进行研究，鲁道夫同意了，这位印第安人的后裔与我们一同捕捉鳄鱼时所提的要求就是让我们把一切捕捉到的动物最后都要放生，不允许带走，更不允许杀掉。我们同意了他的要求，这位有生以来没有离开过亚马孙的年轻人才把我们带到这片原始的水域。

船按照来时的水路返程，再一次切开地毯一样的水草。鲁道夫用探照灯为我们开路，灯光偶尔划过岸边的雨林，树与树之间的黑暗如魔鬼般深不可测，极易让人产生恐怖的联想。亚马孙河的所有水路对我来讲都是迷宫，我记不得船头向哪边转，才能回到大本营"卡西迪亚"号上面去。船在河道上转了几道弯，在一片矮树丛中停下了，鲁道夫向前方指指说有鳄鱼。他手里的灯静止不动，我目不转睛地看着鲁道夫手指的地方，终于发现草丛中有两个亮点，泛着绿幽幽的光芒。我想，那就是鳄鱼。据说，黑夜里的鳄鱼一旦被明光照住，眼睛立刻失明，并一动不动地待在一处。船向鳄鱼靠拢，坎达趴在船头，一如湖叉里捕捉鳄鱼场景的回放。我站起身，目的很清楚，就是想搞明白坎达到底是怎么捕到鳄鱼的。

灯柱在逐渐缩短，那两个绿幽幽的眼睛愈加清晰。坎达开始向船下探出左侧的身体，右手紧紧抓着船帮，突然，他的身体似乎全部闪到船下，又电流般翻到船上，左手中一条一米长的鳄鱼在拼死挣扎。鲁道夫迅速起身，右手抓住鳄鱼的尾部，一脸坏样的鳄鱼才低头臣

▲ 获取数据后，小鳄鱼被放回亚马孙河

服。坎达不是变的魔术，但他是像变魔术似的在我们眼前捕捉了两条
鳄鱼。鲁道夫告诉我，他们能够捕捉到十几米长的大鳄鱼，考虑到我
们的安全，才抓两条小一点的鳄鱼。鲁道夫的话，此时我全信了。两
条鳄鱼让大家兴奋起来，回到大船上，研究动物的队员立刻着手研究，
测量鳄鱼的体长，确定鳄鱼的性别，推算鳄鱼的年龄，抽取鳄鱼的血
液等等，取得了一些珍贵的数据。事毕，聂品跳到小船上，小心翼翼
地把鳄鱼放入湍急的亚马孙河。根据国际科考公约和巴西的要求，对
所考察区域的动植物不能杀戮、带走。中国科学家尊重国际公约和巴
西的要求，没有带走巴西的一草一木，更没有伤害亚马孙流域的一只
动物。

▶▷ 比豹凶猛

到亚马孙探险，我希望能与美洲豹这样相遇——我在亚马孙热带雨林里跋涉，拨开绳索一样的藤蔓，爬过一个小山坡，看见一只蓝色的金刚鹦鹉站在一洼水塘旁的矮树枝上，我奔向女妖一样的蓝色鹦鹉，正要把它捧在手心时，突然看见了一只满身斑点、雄姿英发的美洲豹，它离我几步之遥，我们四目相视，彼此都不想离开，就那样长时间地对望着，许久许久……

因对美洲豹的偏爱，我几乎有些偏执地想象着如何在亚马孙与它相遇。都说美洲豹凶猛，可我却把它当成了美丽的图腾。事实上我没有看见美洲豹，在亚马孙流域走了那么长的一段路，除了在马瑙斯大

▼ 印第安人的家

学的标本室里，在美国人克瑞斯的陪同下见到了一只已丧失生气的美洲豹标本，在其他地方，就连美洲豹的影子都没有看见。

但在亚马孙河的河岸，在我们的"卡西迪亚"号上，真真切切地看见了比豹凶猛的东西，那就是毒蝇等一些食血的昆虫。

去亚马孙河沿岸考察印第安村落，临行前，米盖尔船长让我们穿上长衣长裤，他说："亚马孙河的下游河水呈碱性，蚊虫多，无论多么小心也会被叮咬，穿上衣服，多少可以防范一点。"我们没有重视米盖尔的这句话，在湿热难耐的亚马孙河，穿上密不透风的衣服，浪漫丢了，探险的悲壮也就不复存在，男人的气概、勇敢从何谈起。我们依旧穿着 T 恤衫，依旧穿着短裤，依旧保持一名探险队员的风采，与米盖尔一同走进了印第安的小村落。下了小船，走过一个只有一根横木的原始码头，就看见了一家简单杂货店和东一处西一处的木房子。房子简陋不堪，4 根柱子悬空支起的框架，钉上木板，就算一个房屋了。对独居的印第安人家，这里已处在文明境地了，主人大方、好客，有问必答，甚至也不回避自己的隐私——如果他们有隐私的话。我们饶有兴趣地看着他们生火做饭，搭好的三脚架下，吊着一口铝锅，下面点燃一堆柴禾，铝锅里煮着大米饭、木薯粉，柴禾堆上又放上几条一尺长的黑鱼。聂品说，这种鱼我们的长江里有，不金贵，在这里更不金贵了。房间里更简单，四周木墙上钉着钉子，是拴吊床用的，没有拴吊床的地方，就是主人的活动场所。透过一个没有玻璃的小窗户，看见了河上的夕阳，还有被夕阳染红的树林。我感到眼前的景致很温暖，就拍了几张照片，又以小窗为背景，让克瑞斯为我拍了一张。正是这个时候，我觉得自己的小腿被针扎了一下，我本能地用手一拍，就拍死了一个苍蝇式的东西，后来才知道它叫毒蝇。在我遭到袭击的时候，我的队友们几乎同时也遭到了袭击，一时间，呻吟声响成一片。即使到了这个时候，我还乐观地认为这仅仅是一个偶然的事件，偶然的遭遇。其实我又错了，这是我们到亚马孙河以后遭到攻击的开始，此后，我们在这些稀奇古怪的昆虫攻击下血迹斑斑，伤痕累累。此时，我们才领会到探险之路难行难走。

毒蝇的种类多种多样，有的大如蜜蜂，有的小如蚊虫，有的追逐阳光，有的喜爱黑暗，均以动物的血为主食，攻击性极强，甚至不惜以牺牲自己的生命为代价。毒蝇的嘴有一根尖锐的利器，攻击人时就把尖锐的利器刺进人的肌肤，然后不顾命地吸食人的血液，直到被攻击的人用手把它拍死在身上。毒蝇死了，但它留在人身上的痕迹——一个血洞，奇痒无比，用手挠，皮肤溃烂，即使好了，也会在身体上印下一个黑点。几天以后，被毒蝇攻击的我们，已无一人完好，红一片，紫一片，像一个个登革热病患者。

"卡西迪亚"号夜行时，我们在甲板上喝啤酒、聊天，看邹程、张李彬他们发稿子，开始并没有理会围着灯泡飞行的一团团的昆虫。接下来我们几乎在同一时间受到昆虫的攻击，领头的就是微小的几乎

▼ 这里也是蚊虫的天堂

看不见的皮押蝇。它们与毒蝇不一样，毒蝇向人攻击时有点奋不顾身的感觉，似乎只要叮到了人，它们就满足了，就成功了。皮押蝇像一个隐蔽的特务，它常在人们聊天、喝酒时突然发起攻击，咬一口，又飞快地逃离。别看它小，咬起人来却凶得厉害，所咬之处立刻红肿，然后出现凝固的血迹，接着身体奇痒、溃烂。有几天的时间，我们不敢来到船后的甲板上，那里的灯吸引了大量的昆虫，尽管我们的身体涂上了花露水，也无法阻挡皮押蝇之流的攻击，它们常常以惨烈的代价，把我们搞得神志不安，心惊肉跳。最苦的当属中央电视台的邹程、张李彬，他们必须在夜里发稿，忙碌时防不胜防，被毒蝇咬成了"美洲豹"——花花点点的，溃烂的身体流着一行行的血水，惨不忍睹。

陶宝祥抱着侥幸心理，他说蚊子不咬他，在北京生活了这么些年，自己就没有被蚊子咬过。开始我们都嫉妒他，真以为亚马孙河的蚊子见他就躲，可是，一天以后，当他也被咬得叫苦连天时，我们都忍不住笑起来，我们确信，亚马孙河的昆虫六亲不认。我也扛不住蚊子的叮咬，常站在有风的船头，与米盖尔、汪亚雄、李小玉等人聊天，话题极广，也极有兴致。乃至我们分别后，都万分留恋着亚马孙河上这段特殊的岁月。

后来听克瑞斯说，亚马孙河的昆虫，极大地改变了亚马孙河的生态，一些印第安人正是因为不堪忍受昆虫的干扰才不断迁徙，不断逃离，最后消失在跋涉的路途上。听完克瑞斯的一番话，我反方向推理，亚马孙能保持如此好的原始状态，昆虫们功不可没，它们的疯狂也是对掠夺者和入侵者的恐吓。因此我说亚马孙河的昆虫比豹凶猛。

河豚、蚂蚁窝、王莲

"卡西迪亚"号再一次进入了亚马孙河的支流，显然，这是一条悠长的支流，河道宽阔，河两岸的树年轻，富有青春的活力。我靠在船的栏杆上，与曹敏并肩眺望，曹敏说，这是次生林，这片林子，已不止一次被砍伐了。

"卡西迪亚"号穿过这条支流，驶入一个空阔的湖面，米盖尔船长指一指不远处的小绿洲，示意休又松在那里抛锚。船渐渐靠近小绿洲，慢慢隐入树丛之中，只把一个侧面留在湖道旁，以便我们从这里上小船，再去密林深处探险。

今天早晨，陶宝祥说我们要去考察植物，重

▼ 巴西少女与河豚在一起

点去考察一种叫王莲的植物，这是一种分布于南美热带地区的物种。

我们从大船上下来，依次坐在小船里，鲁道夫和米盖尔各开一条船，向湖的对岸驶去。突然，邹程站起来，移动了摄像机的角度，把镜头对准了湖面，紧张地拍摄起来。我顺着镜头看去，看见了两条河豚先后跃出水面，它们粉红色的肚皮在阳光下格外耀眼，顽皮、天真的动作如同一个童真未泯的孩子。随着两条河豚钻进河水里，又有两条浮出河面，它们高高地跳起，生怕邹程的镜头把它们遗漏。众多河豚的表演，感染了大家，在一片欢呼声里，我们把照相机对准了河面，抓拍着河豚出水的画面。在航行的途中，我们看见过跃出水面的河豚，但是，这片水域，河豚出奇得多，它们像主人一样欢迎我们的到来，绵延的

▼ 印第安人一直把青蛙当成庇护神

路程有 3 千米长。米盖尔船长笑眯眯地看着大家，当大家落座后，米盖尔说："河豚是有灵性的动物，它对人有一种本能的亲切感。"看着河豚憨憨的样子，我确信米盖尔的话极其真实。

湖岸边有一条狭窄的水路，即使我们所乘的一米宽的小船，到这里也要减速了，小船慢悠悠地进去，一步步地前行，当前面的水域宽阔起来，发动机才激烈地响起来，船速得以加快。小船绕过一片水淹林，眼前豁然开朗起来，岸边的一排木房子和一个用原木搭建的码头让我们产生了一种找到家的感觉。小船向码头靠近，发动机声和我们的黄皮肤也引起了当地人的注意，他们站在码头上，用神秘的眼光看着我们。鲁道夫说，这是马纳卡布鲁附近最富的一个印第安人村落，村后有一条木桥，顺着木桥走，就可以看见一大片湿地，那里生长着许多巨大的王莲。

上了岸，在绿茵的背后看见了更多的人，基本上都是印第安人，他们站在临水的走廊上，面前摆放着印第安土著工艺品，向我们兜揽着生意。还有几个肩扛鹦鹉、怀抱树懒的印第安小孩，谁与他们合影，谁就要向他们付小费。看来，这里的"文明程度"非同一般了。但它毕竟是亚马孙流域里的"文明"，品质当然纯粹。我们向走廊深处走去，欣赏着这些做工粗糙的工艺品，有面具、弓箭、项链、手链，还有用木材制成的青蛙、蛇等。这都是年轻人喜欢的，杨晨、邹程、张李彬、刘鑫、王津买了一些手链、项链，杨晨还买了一把弓箭，遗憾的是这把弓箭在回国的途中被巴西海关没收了，巴西人执着地认为，印第安人的弓箭，即使是工艺品，也会置人于死地。我和宛新荣喜欢动物，我们与肩扛鹦鹉、怀抱树懒的小孩照了相，我觉得他们以亚马孙热带雨林为背景、与小动物在一起的样子洋溢着一种迷人的美丽。

这里没有曲折的路，与码头相连的就是鲁道夫所说的木桥，只管朝后走，就会走到木桥上去。木桥是靠简单的杠杆原理搭成的走廊，悬空，离开水面有两米高，扶手绑在两侧的树干上，走在上面有上下起伏、左右摇摆的感觉，只是高度有限，下面又是水，走起来也不恐

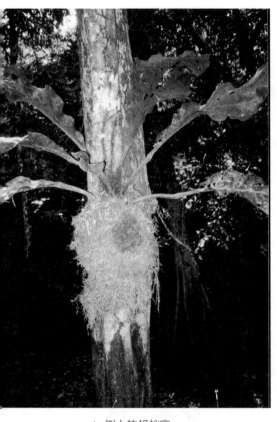

▲ 树上的蚂蚁窝

惧。朝里走，觉得冷飕飕的，树叶还在往下滴水。两侧的水面上躺着粗细不一的朽树，横七竖八的，有的还发了新芽，正被一只小鸟啄着。一棵大树上挂着 1 米多高的、如同一个黑袋子的东西，像是谁有意挂上去的。我停下脚步，仰望着，觉得很奇怪。恰巧克瑞斯从后面走过来，他看我不解地盯着眼前的"黑袋子"，就主动告诉我，这是蚂蚁窝。听说是蚂蚁窝，我吃惊不小，世界上比蚂蚁大的东西数不胜数，比蚂蚁小的东西并不多，可是，如此之小的蚂蚁竟然筑成了如此之大的蚂蚁窝，于此，我不得不佩服自然界的神奇。后来又看见过许许多多的蚂蚁窝，最大的一个与我们乘坐的小船不相上下。我就对宛新荣说，别研究老鼠了，看看蚂蚁的本领，就该知道蚂蚁的研究价值有多大。当时宛新荣反驳了我，他说这是两码事。

木桥的尽头有一块宽敞的地方，也是用木材搭建的。站在这里，能看见一片长着树草的湿地，10 余平方米的地方，一大片王莲静静地躺在水面上，端庄而优雅。开始我并没有觉得新奇，可是，面对王莲的时间稍稍多一点，心头就被水一样的东西沁润了，静谧而温凉。王莲，字面意思就是王者一样的莲花，它的直径有 1.5 米，像一个圆圆的碟子，边沿上翘。成年的王莲一个个地连成一片，粉白色的莲花绽放在水面上，孤独的一朵，如一个站立着的纯情孩子。6 个尖尖的花蕾从水面中伸出，都有一点争风头的样子。四周是没有长大的小王莲，嫩绿的叶子如纸一样飘在大王莲的身边，翘着锯齿一样的边缘，如小夜曲般幽远、飘逸。亚马孙流域完整的生态系统所培养的动物、植物，因其结构的精巧、别致，使人类得到了重要的启示。据说，英国著名建筑学家约瑟·柏斯顿，于1851年受命建造伦敦博物馆，在设计"水晶宫"玻璃大厅的框架时，就是从亚马孙王莲的叶脉中获得了灵感，一瞬间突破了自己的思维，使一座不朽的建筑在英国耸立起来，至今仍被人津津乐道。眼前的王莲，就那么一片薄薄的叶子，它果真有那么神奇？为了证实王莲的承载能力，鲁道夫从木桥上下来，他顺着一根树干，轻轻迈向王莲，当他双脚踩在王莲的叶子上时，边缘吃水，王莲仅晃动了一下，马上又恢复了平静。他高举双手，微笑着向我们轻轻挥舞。鲁道夫，一个23岁的小伙子，一个至今没有走出亚马孙的印第安后裔，一个讲义气、讲交情，又特别敬业的朋友，他黝黑的脸颊被王莲无边际的绿色映衬着，让我们看到了亚马孙一种植物力拔千斤的独有风采。

▼ 王莲

亚马孙河野浴

　　曹敏看了一眼 GPS 卫星定位仪，然后告诉我，我们的"卡西迪亚"号已经进入了南纬 4 度，更加厉害的湿热正等待着我们的到来。进入亚马孙河已有几天了，北方人已明显感到不适，我的身体没有一块可爱的地方了。邹程更惨，他整个人都不可爱了，白天拍摄时无法抵御蚊虫的叮咬，晚上在甲板上发稿，对这些鬼一样的东西也无计可施，即使全身涂上花露水，也逃不了劫难，

▶ 船头遐想

像被机枪扫射了一样。他高大的个子全身布满了红点点，体态也臃肿起来。生活在长江中下游的聂品、宛新荣似乎好一点，他们从小长在湿气重的城市，在亚马孙河上当然比我们从容。

吃完午饭，"卡西迪亚"号驶入一片疏松的水淹林，在一棵高一点的大树下停了下来，那个熟悉的铁锚又被坎达抛进水里。米盖尔说，阳光会把人晒死的，我们休息一下再赶路，船舱的空调打开了，大家不妨睡一会儿。对年龄大一点的人来讲，米盖尔的安排无疑是一个好主意。可是几个刚逾中年的人却没有多少睡意，我和聂品、汪亚雄、曹敏、克瑞斯站在甲板上，不想睡觉，又无所事事，只好随便闲聊。我看着宁静的河水，尤其是看到颤动的浮萍，突然产生了游泳的欲望，当众把我的想法提出来后，马上得到了大家的响应，看来我的提议对这几个人来说也是个好主意。汪亚雄向船下一指，问克瑞斯，这儿能游泳吗？克瑞斯观察了一会儿说，没有鳄鱼就可以游泳。我们笑起来，克瑞斯的话等于没说，这片水域究竟有没有鳄鱼，他未能给出判断，因此，他也没有说明在这里是否可以游泳。聂品说，还是问一下米盖尔船长吧。于是，我们在船的底层找到了米盖尔，提出了游泳的要求。米盖尔用他那双淡蓝色的眼睛，看一眼我们，又看一眼河面，迟疑了许久才说，游吧，但不能离开船20米。也就是说，我们在无边无际的亚马孙河里游泳，只能在20米这个有限的范围里游泳，向水倾诉着我们来自远方的激情。我看一眼克瑞斯说，你的犹豫是对的，这里一定有鳄鱼，不然，米盖尔不会这么难为情。克瑞斯笑了一下，耸一耸肩膀。

我在亚马孙河里有过两次游泳的经历，在宽厚、雍容的河水里，体会到了自然之妙。可那是在马瑙斯附近的河湾里，河面上往来的船只已把鳄鱼驱逐到远方，不管游多远，也没有性命之忧。眼下不一样，这里是亚马孙河原始的流域，野生资源丰富，不小心就会被伤人的动物袭击。炎热、无聊下我们别无选择，尽管米盖尔规定了我们游泳的范围，但这个范围毕竟属于亚马孙河。

聂品率先跳进河里，他生活在长江边上，水性好，沉入亚马孙河

▲ 适合游泳的水域

的身体轻松自然。他没有按米盖尔的要求局限于 20 米的范围内，他侧着有点胖的身体，如一条河豚，游到很远的河渚旁，才慢慢返回来。克瑞斯体态轻盈，游泳的姿势十分标准。闲聊时，他告诉我，他是在利比亚的的黎波里学的游泳，父亲爱他，一有空闲时间，就把他带到游泳池或者大海边游泳。我没有克瑞斯幸运，但我也有聂品一样得天独厚的条件，我在东北的吉林市长大，那个像童话一样美丽的城市被松花江贯通，人称江城。与长江相比，松花江的影响力似乎小一些，但不妨碍我对水的喜爱。在松花江里我学会了游泳，此后游泳就成了我真正的热爱，不管在哪里，只要有水，我就有游泳的欲望，直到此时此刻。在亚马孙河里，我按照聂品所游路线游着，有时蛙泳，有时自由泳，一身的舒展、轻松。水的浮力很大，身体像一片树叶，在河面上任意漂荡。我带着泳镜，常常沉入河的深处，试图观察一下鱼的姿态。河水清澈，可以看见在水中挣扎的树枝、果实、落叶，我知道，不久以后，这些东西就会腐烂，成为与河水相溶的腐殖质。我的头从水里钻出来的时候，看见汪亚雄正朝一条独木舟游去。独木舟上坐着一名印第安青年，他拿着一把木桨，从水淹林的深处向我们划来。我搞不清楚独木舟从何而来，这位小伙子的家又在何方。汪亚雄看见我，挥一下手，示意我也朝独木舟游去。于是，我抬起左臂，划了几下，调整了身体前进的方向，便甩起双臂，飞快地向前游去。独木舟在亚马孙河上比比皆是，一根粗大的树干，加工出一个平面，在中间掏出一个椭圆形的洞，放在河面上，用桨轻轻一划，便能急速地向前行驶。河边的土著居民，经常用独木舟载着香蕉、木瓜一类的水果，在商船中间穿梭、兜售。在我的眼睛里，独木舟不像一个交通工具，而更像一个精巧的工艺品。我和汪亚雄靠近了独木舟，印第安的小伙子手里拿着一根简陋的木桨冲我们嘻嘻笑着。我和汪亚雄每人抓一边，试图爬上去。这时，单薄的独木舟开始剧烈摇摆起来，汪亚雄一侧栽进了

▼ 印第安小伙划着独木舟

◀ 下河游泳时米盖尔
船长这样看着我们

河面，小伙子的身体倾斜了，掉进亚马孙河里。随着小伙子的落水，独木舟翻了过来，舟底朝天，像一块菱形的木板，在河上漂着。我和汪亚雄相视一眼，一脸坏笑地把独木舟推向岸边。小伙子并没有生气，他跟在独木舟的后面，有说有笑地看着我和汪亚雄笨拙地推着他的一叶小舟。

从岸边往回游，才发现又有几个人下水游泳了，已近古稀之年的首席科学家陈光伟在水里的英姿不减当年，但他没有违背米盖尔的忠告，始终在20米的范围内游泳。我游了半小时，踩着水，胸口浮出水面，抬手摘下了泳镜，看着"卡西迪亚"号，突然在一层的甲板上看见了米盖尔船长，他在一个不引人注意的地方盯着水面，注视着我们的一举一动。我的心一热，我知道米盖尔为什么站在那里，他在担心游泳者的安全，作为熟悉亚马孙河的老船长，他听过、见过鳄鱼袭击人类的惨烈场景。

爱情故事

又是一个燥热的晚上，即使我们无数次地仰望青色的夜空和白色的星星，还是排泄不出浑身的湿气、热气。我们如同蒸笼里的鸟，被残酷地煎熬到快要窒息。

喝啤酒吧，我们知道喝啤酒也解决不了问题，但我们找不出比喝啤酒更舒服的事情了，因此，我们打算喝光冰柜里的啤酒。聂品应该是科考队里喝啤酒的第一人，陈光伟、刘鑫也行，出众一点的就是20世纪70年代出生的邹程、张李彬、王津。最有酒量的当属陶宝祥，但他不喝，为什么不喝，我们都搞不明白，不喝就不喝吧，谁叫他是我们的领队。我喝酒是为了凑热闹，是有酒胆没酒量的一类人，把喝酒纯粹当成了消遣。在举目无亲、束手无策的亚马孙河上，在令人惆怅的桨声灯影里，喝啤酒的的确确是一件令人开心的事情。

渐渐到了子夜时分，大多数人回船舱里休息去了，我和宛新荣面对面坐着，说一些莫名其妙的话。也许米盖尔是为了检查船上的情况，他从船头走过来，看见我们，说了一声"晚安"，就坐在我们的身旁。我问他，明天干什么，他耸着肩回答，明天要吃3顿饭。米盖尔的幽默我们领略了，他经常在我们不经意的时候，抖出一个幽默的包袱，让我们忍俊不禁。宛新荣递给米盖尔一罐啤酒，米盖尔没有推辞，撕开口，就喝起来。看来米盖尔今天的工作告了一个段落，他有心情与我们举杯共饮，放松一下。我问米盖尔的船都在干什么，他说都在河里，也就是说米盖尔的船都在运营当中。

从他的船开始，米盖尔讲起了故事。

米盖尔感谢上帝让他的一家过上了幸福生活。他说，印第安人在巴西没有地位，理由很简单，文明程度低，文化水平差，导致了印第安人被边缘化。印第安人又是幸福的，上帝恩赐了广袤的森林、河流、土地和丰富的矿藏，即使什么都不干，也不会饿死。他有一位朋友，住在我们要去的科阿里，经营运输业，很成功，是亚马孙有名的富人，可是他只去过马瑙斯，他觉得马瑙斯就是天下最美丽的城市。除此之外，他就生活在科阿里。米盖尔说，他了解这位朋友，他当然知道世界上有巴黎、纽约、北京、东京、里约热内卢、圣保罗，他不去的理由不仅仅是因为马瑙斯，而是有自卑感，他担心大城市里的人笑话自己。钱，他不缺，但他缺文化。这一点，米盖尔小时候就懂，因此，他一直找机会学习。失去了上大学的机会，他就进短期学习班学习，有时在国内，有时在国外。日积月累，他学会了一口地道的英语，掌握了丰富的机械知识，成为柴油发动机的专家。自从买了第一条船，他就开始进入亚马孙流域，为世界各地的旅游观光者服务。随着船只的增加，他经常受雇于来自各个国家的探险组织、个人以及纪录片的摄制组，由于亚马孙的"活地图"米盖尔绅士般的彬彬有礼和细致的服务，他赢得了赞扬与声望。

▼ 让无数探险家向往的秘境

在我们来到亚马孙之前，他刚把一个法国摄制组送走，仅在马瑙斯调整了几天，便又陪我们进入到了亚马孙河的深处。

米盖尔对印第安人的血统有着强烈的认同感，他认为自己和孩子永远属于亚马孙广袤的雨林。在他初为人父的时候，为了让孩子受到良好的教育，见更大的世面，他在闲暇时就领着妻子、儿女去欧洲、北美洲、非洲和拉丁美洲的名城观光旅游。一次为了去美国，因手头拮据，他不惜把一辆私家车卖掉，以补贴路费的不足。他觉得在世界上行走很重要，当一个人看到了广阔的世界，内心世界就不会封闭了，眼界变高的同时，心气儿自然也会变高。米盖尔一家人的眼界高，心气儿也高，他们生活在马瑙斯，受惠于亚马孙河，始终把提高印第安人的文化水平当成己任，他们不惜捐出一大笔钱，帮助那些需

要帮助的穷人。这里还有一段佳话，在他筹备以母亲的名字命名的基金会时，他得到了女儿、女婿的拥护，他们理解父亲的善举，也支持父亲旨在帮助印第安人的工作。来自欧洲的女婿——一个瑞士帅哥，一个小有名气的演员，因偶然的机缘——又是与探险家有关的机缘，他抛弃了演艺圈的荣华，落脚亚马孙，与米盖尔的漂亮女儿结了秦晋之好。说到这里，米盖尔的眼睛亮了，这一定是被女儿女婿的爱情点亮的，他看着亚马孙河的河岸，神情有些激动。

亚马孙是探险家的乐园，亚马孙所发生的故事，探险家常常是主角。

米盖尔叹了一口气，又轻轻地讲起来——

大概是 10 年前，来自法国的探险家皮斯潘毅然领着一条狗独自走入亚马孙热带雨林的深处。当时许多人阻拦他，包括法国驻巴西的公使。但是皮斯潘听不进去这些，他去意已定，似乎不在亚马孙取得

◀ 老船长

伟大的发现就不回来，因此，他领着一条狗的身影非常悲壮。一个多
月的时间，皮斯潘音信皆无，有经验的人做出了准确的判断——皮斯
潘在亚马孙热带雨林的深处失踪了。法国使馆和马瑙斯一个非政府组
织组成了一个抢救小组，乘一条装备精良的船进入亚马孙流域寻找。
经过几天几夜的搜索，他们在一处密林里找到了皮斯潘的日记本，其
中一页画了一口锅和一个狗头，其他什么都没有了。抢救小组通过实
地考察得出结论，皮斯潘消耗掉了所有的食物，在没有办法的情况下，
他骑着一根木头，顺流漂移，最后死在滔滔的亚马孙河里。至此，一
个胸怀大志的探险家在这里无奈地画了一个生命的句号。

皮斯潘的父亲老皮斯潘不相信儿子死了，他辞退了在波尔多的工作，从巴黎飞到圣保罗，又转机飞到马瑙斯，他认为儿子仍然活着，自己也一定会找到他。一晃过去了几年，老皮斯潘没有找到儿子，一生的积蓄都花在了寻找儿子上，最后痛苦地回到了巴黎。

老皮斯潘寻找儿子的经历震撼了法国的一位制片人，他找到一位著名的编剧，写下了父亲找儿子的感人故事，并投资拍摄，男一号就是米盖尔的女婿加德力。当摄制组在法属圭亚那的亚马孙热带雨林完成了部分外景的拍摄，转到了马瑙斯继续拍摄时，摄制组租用了米盖尔的船，米盖尔随即成为这部电影的编外制片。戏外戏同时开始，来到马瑙斯的加德力与米盖尔的女儿玛卡得以相识，玛卡——有印第安血统、受过良好教育、眉眼之间闪动着野性之美的妙龄姑娘，让加德力倾倒了，两人很快进入热恋，产生了难舍难分的感觉。不久，电影拍完了，摄制组回到法国，导演忙着做后期，加德力却留在了马瑙斯，并向玛卡正式求婚。作为父亲的米盖尔是两个人爱情的见证人，他支持玛卡嫁给加德力，他说，扮演皮斯潘的人不会是平庸的人。婚后，玛卡与加德力去法国短住，又学了一年法语，才和丈夫回到马瑙斯。这时，米盖尔正在构想成立一个慈善组织，加德力听说后大加称赞，并主动提出帮助米盖尔。后来，米盖尔知道，加德力也是一个慈善家，曾在非洲有大笔捐款，帮助那里的穷人过上正常人的生活。加德力成了米盖尔的知音，在他的协助下，基金会成立了，随即创办了职业学校，让失学的孩子们到学校里免费学习，掌握一技之长。米盖尔说，职业学校里多来一个孩子，亚马孙就会少一个滥伐树的人。为此，他还在职业学校里让孩子们培育树苗，定时去野外栽树，感受大自然的丰富多彩。

我问米盖尔船长，加德力先生和玛卡女士还在基金会吗？米盖尔点点头，又告诉我，加德力和玛卡结婚后，加德力就从娱乐圈隐退了，与玛卡住在新艾朗市——一个被树淹没了的小城，因为基金会就设在那个城市里。

▲ 沉思的水淹林

　　新艾朗市——这是一个城市的名字，我记住了。我突然产生了去这个城市的强烈愿望，原因很简单，新艾朗市是米盖尔船长的慈善之城，印第安人一颗炽热的仁爱之心在这里跳动，它闪耀着米盖尔船长不息的生命之光。同时，新艾朗市又是加德力与玛卡的爱情之城，他们相逢在亚马孙河上，把家安在这个平淡的小城——一个绝对没有污染的森林之城，继续诉说两个人的爱情佳话。那么，能在新艾朗市见到加德力和玛卡，又能参观基金会的职业学校，看看那些印第安小孩学习的情景，肯定会成为我在亚马孙岁月里的美好经历。

▶▷ 花开小镇

阿纳蒙，一个诗情画意的小镇，位于亚马孙河一条支流的西侧。

"卡西迪亚"号庞大的身躯无法靠近阿纳蒙的简陋码头，它停靠在离岸不远的地方，然后用小船把我们送到陆地。十几个人刚刚在一栋绿房子前聚齐，一帮小孩子就把我们团团围住，笑眯眯地看着我们。鲁道夫说，这里的小孩子肯定是第一次亲眼看见中国人。鲁道夫的言外之意是说这里太闭塞，以至于中国人没有来过。

陶宝祥与曹敏、陈光伟正在说做样方的事情，我们曾在几片森林里察看，曹敏觉得那里的植被遭到了破坏，不适合做样方，即使做，数据也不准确。曹敏的言语不多，有强烈的敬业感，做事非常认真。我和曹敏住在一个船舱里，他向我简要介绍了做样方的情况。所谓样

▼ 阿纳蒙快乐的孩子

方，就是在一平方千米的面积内测定森林生产植物生物量的能力，其参数可以与我们国家的样方参数进行比较，为维护生态系统的完整提供科学的信息。到阿纳蒙，曹敏还是念念不忘他的样方，与陶宝祥、陈光伟研究，希望能在这里找到做样方的地点。在阿纳蒙，曹敏、陈光伟也分不清东南西北，只好向鲁道夫请教，希望能得到他的帮助。鲁道夫陪着曹敏找过做样方的地点，他清楚曹敏需要什么样的林子，因此，在阿纳蒙他只是略有所思地点点头，许久才说，我们找找看吧。

阿纳蒙是一个"回"字形的小镇，基本上都是木房子。一定是为了防潮，房子腾空而起，离地面有两米高，门前有一排十多节的台阶通到地

▼ 花开小镇

面。房子下面的空地，有牛、鸡和野生的鹰、隼，它们各忙各的，互不干涉，与房子一起构成了一幅田园风光图。鹰、隼真多，天空、房顶、树枝间、电线杆上，到处都是它们的身影，数不胜数，这有点像我们国家的麻雀。我们顺着唯一的一条街道行走，在小镇的后身，看见一棵叶子窄窄的树，不细看，很容易把它当作橘子树。鲁道夫指着这棵树考问我们，曹敏看了一眼，笑了，对大家说这是一棵腰果树，所结的果实就是我们常吃的腰果。这一点我们感到亲切，抬头细看，寻找着果实，然后，又在树前拍照。离腰果树不远，有一棵 5 米高的树，树枝紧缩，树梢拢在一起，一副颇有风骨的样子。我们说不出它的名字，即

▼ 阿纳蒙的农贸市场

▲ 小镇赌场

使曹敏也仅能说出它所属的科，其他一概不知。出风头的机会给了鲁道夫，他洋洋得意地卖弄着，告诉我们这棵树叫光棍树，开花不结果，很有观赏价值。为什么叫光棍树，是否有典故？可惜鲁道夫却不清楚。

　　途径一栋建在地上的房子，我们停了下来，在房子前的空地上看着眼前的花花草草。鲁道夫在草地上采了一把野花，殷勤地交给一位一直跟随我们的小姑娘，并说了一串葡萄牙语。那个小姑娘高兴地接过鲁道夫手里的花，蹦蹦跳跳地离开了我们。眼前的房子显然与众不同，首先它的形式就有别于那些腾空而起的木房子，根基牢固地深入地下，流线型的房脊凸显出几分空灵。精巧的大门，嵌着金属的把手，上半截镶着一块雕花的玻璃。门旁刻着几行字，是葡萄牙文，曹敏望文生义，说这间房子是政府一个部门的办事机构。问鲁道夫，他说是阿纳蒙的财政所。财政所前有很漂亮的植物，我们也没有兴趣问清它们的名字，就接二连三地拍起照，我们知道，我们是第一次来阿纳蒙，很可能也是最后一次来阿纳蒙，因此，我们想尽可能地对这个不知名

▲ 阳光下的少年与儿童

的小镇留下更多的记忆。

这时，刚才离去的那个小姑娘又回来了，她来到鲁道夫的面前，向身后的一栋房子指了指，那里，一位十四五岁的少女正向这边微笑。小姑娘的手里还拿着鲁道夫送的鲜花，她仰脸看着鲁道夫，告诉他，她的朋友，就是那个站在房子前冲这里微笑的少女，非常喜欢鲁道夫采的野花，她也希望得到一束。鲁道夫笑起来，他向少女招手，少女也顽皮地冲他歪歪头，鲁道夫对她说了几句话，就去草地上采花。小姑娘期待地等在一边，手里的花轻轻颤抖着，一脸天真无邪的表情。鲁道夫动作敏捷地采了一把花，交给小姑娘，又说，祝你的朋友快乐。小姑娘接过花，说了一声谢谢，转身向木房子跑去，把水淋淋的一束花递给了那个一脸阳光的少女。我们被这幅暖人的情景感染着，久久看着木房子前的少女，她的胸前有一束花绽放。

曹敏摇摇头，脸颊堆满了慈祥的笑容，对我说，看来在阿纳蒙也找不到做样方的地点，看看，这里发生的都是这样浪漫的事情。

▶▷ 科达雅斯

　　王津病了，上船没过多久，这位《今晚报》的大个子记者就发起了高烧。开始我们并没有注意，渐渐发现王津的脸色苍白，走路摇晃，也吃不进东西。我们担心他患了疟疾或登革热，克瑞斯看了看，觉得不是。克瑞斯在马瑙斯得过疟疾和登革热，他理应了解这两种病情。但是，在亚马孙，患了病就不是小事，必须看病打针，尽快康复。

　　米盖尔说，"卡西迪亚"号马上就要到达科达雅斯，那是比阿纳蒙大一点的小城市，医疗卫生条件好一些，届时带王津去看病。"卡西迪亚"号开足马力，顺流而下，仅1小时后，就靠在了科达雅斯的码头上，一行人上岸。坎达来过这里，他自告奋勇地领我们去医院，

▼ 科达雅斯的街道

▶ 小城古教堂

于是，我们跟着坎达，向城里走去。城市小，人口又不多，医院没有多大的规模，那排房子比阿纳蒙财政所的房子大不了多少。不过，医院里却非常整洁，进去后没有压抑的感觉。在急诊室里，医生看了看，最后诊断为感冒，打一针就可以了。一个胖胖的护士把一管针剂注入王津的体内，这位一米八高的摄影记者立刻来了精神。值得一提的是，在医院看病打针分文未付，巴西是医疗福利国家，看病是免费的。

离开医院后，我们分头行动了，我和曹敏、克瑞斯、陈光伟去了一家木材加工厂考察。曹敏说，当地的木材加工厂是当地森林遭到破坏的证据，加工量越大，森林遭到破坏的程度也就越大。他是从另一个角度来看木材加工厂的。

　　顺着一条沿河而建的街道向西走，路过一个服装市场，我们停下了，随便看了看。显然，市场里的商品不是从中国进口的，布料粗糙，做工也简单，特别像中国 20 世纪 70 年代的产品。我花了 15 黑奥买了一条短裤，在潮湿的亚马孙河上，一条短裤是不够用的。别管这条短裤有多难看，实用价值依然存在，何况还这样便宜。继续走，路两边的房子更简陋了，之间常有一片空地，又不像庄稼地，有几棵芭蕉树苦闷地立在那里。一群孩子在那里玩足球，其中一个孩子颠球的技艺让我大开眼界，他用头、胸、背、腿、脚、臀，把一个足球玩得团团转。我们看了十几分钟，离开时，足球仍在他的身边回旋，始终没有落地。难怪巴西的足球精彩绝伦，是因为有如此雄厚的群众基础。一路感叹着，我们走进了一家木材加工厂。

▼ 作者与科达雅斯的儿童在一起

▲ 木材加工厂一角 1

　　木材加工厂在河边，占地约7000平方米，河边堆满了原木，显然原木是从水路运到这里的。阿纳蒙没有公路，科达雅斯也不会有公路，河是小城的交通要塞，一切往来必须由此通过。没有像样的车间，几根树干支起了一个宽敞的棚子，木材加工设备落错地摆放着，地上到处是锯末，踩在上面十分松软。工厂主有50多岁，赤着上半身，露出了一个肥肥的大肚子，粗犷、豪放。他叫约索，是印第安人，在科达雅斯开了20年的木材加工厂，是小城有名的富人。开始他以为我们是来采购木材的，闲聊一会儿，才知道了我们的目的。但他没有任何顾忌，有问必答。他的加工厂每年可以加工200万立方米的木材，其中有150万立方米销往中国。每立方米的价格为46美元。买主是山东的一家地板加工厂。他说中国的客商有信誉，虽说巴西没有信用证，但是，中国的客商从来不拖欠货款。讲信誉对任何人来讲都是美德，我们是中国人，愿意听约索这样说。约索所加工的原木是从亚马孙热带雨林里砍伐的，广阔的亚马孙热带雨林似乎有砍不完的大树，科达雅斯这么小规模的加工厂每年竟然加工 200 万立方米，由此可见亚马孙每年的木材供应量达到了什么程度。

曹敏的眉头紧锁，作为植物学家，他最不忍心看到的就是如此大规模地砍伐树林。在船舱里，他曾对我说，亚马孙热带雨林正面临着巨大的破坏，国际环保组织已开始关注，他们派出了观察员到亚马孙，密切注意原始森林被破坏的情况。亚马孙热带雨林是世界之肺，它一旦被蚕食，会很大程度地加剧地球变暖，后果不堪设想。曹敏问："在亚马孙可以随便砍伐森林吗？"约索摇摇头说："巴西政府不允许在亚马孙滥砍滥伐，政府将 1.4 万公顷的森林分成 20 块，一年砍 1 块，20 年一个轮回，给森林留有更多的生长时间。"曹敏又问："林业工人遵守政府的要求吗？"约索沉吟片刻，默默点点头。

在返回的路途中，克瑞斯说很多伐木的组织根本不遵守政府的法

▼ 木材加工厂一角 2

▲ 在木材加工厂考察

令，盗伐现象非常严重。克林顿当总统的时候访问巴西，提出要托管亚马孙，理由是保护人类的这块处女地，把巴西时任总统卡多佐气坏了，差一点把克林顿撵回美国去。克瑞斯说完，我们哈哈大笑起来。

科达雅斯与马纳卡布鲁、阿纳蒙一样，是河边的城市，但是，它的规划，房子的样式，与前两个小城有所区别。这里街道很长、很宽，许多骑摩托车的人从我们面前飞快驶去，样子潇洒。依靠摩托车作为交通工具，看来科达雅斯不算小，在阿纳蒙就看不见汽车和摩托车。路两侧的大多数房子是砖头、水泥盖成的，长长的一排，门前是一个开放的大广场，树旁都摆着一个大大的烤炉。我们4个人在安静的街道上走了走，在离医院不远的地方碰见了坎达，就与他合了影，然后一同回到泊在科达雅斯码头边的"卡西迪亚"号。一上船，就看见王津正在二层的甲板上有说有笑地喝酒。没有得疟疾、登革热，王津放心了。

▶▷ 夜闯秘境

米盖尔来到甲板上，神秘地对我们说，晚餐将有一个惊喜给大家。是消息？是礼物？还是歌声、节目？尤久站在吧台的后面，也是一脸神秘的表情，笑眯眯地看着我们。当米盖尔离开后，尤久向我们做了一个吃饭的动作，表示米盖尔的"惊喜"与吃饭有关。

在亚马孙河上还有什么好吃的呢？对米盖尔所卖的关子，我们并没有认真地期待。大家仍在各自的位置研究下一步的探险路线，更多的还是谈论做样方的事情。主谈者当然是曹敏，曹敏只能与我们完成第一阶段的探险科考任务，因为他要在半个月后去加拿大参加一个国际学术会议，所以他急切地想把样方做完，他一直认为，亚马孙热带雨林里的样方有着重要的科学价值。谈话间，尤久已把餐具摆好，并通知我们晚餐即将开始。几道常见的冷餐出现在我们面前，年轻人饿得快，开始往肚子里填食物，我们则等待着米盖尔所说的惊喜。一阵杂乱的脚步声传过来，随后米盖尔笑容可掬地出现在我们的面前，他的后面是鲁道夫、矮个子厨娘、坎达。鲁道夫手里托着直径半米的盘子，上面摆着一个烤熟的动物，奇怪的形状很难让人猜出是什么东西。鲁道夫把盘子放在桌子上，冲大家拱拱手，说道："米盖尔船长给大家做了一个美味，现在，米盖尔要同大家说几句话。"盘子上的东西散发着诱人的香气，闪闪发光的油从其中流淌出来，轻轻跳动着。米盖尔点一下头说："坎达的亲戚送来一个野味，这个野味不在亚马孙动物保护范围内，是可以吃的，请大家放心。厨师为大家烤熟了，厨师精湛的手艺会让你们无法忘记这一天。"米盖尔说话的时候，厨娘含笑向我们点了一下头。米盖尔继续说："我们为大家调制了甘蔗酒，想必你们会喜欢。"米盖尔说完，等待他的就是一阵阵掌声。

依旧是蚊虫做伴，我们就着甘蔗酒，品尝着亚马孙的野味。宛新荣是研究动物的，他细心地看着动物的骨骼，又从船舱里找了一本参考书对照研究，最后告诉我们，像食蚁兽，又不是食蚁兽，科目绝对相同。问鲁道夫，他负责任地讲了十几分钟，我们也没有听明白他说的是什么。我不求甚解，没有兴趣同鲁道夫细致推敲，就去船尾独自品尝甘蔗酒去了。甘蔗酒是巴西的特产，我第一次来巴西的时候曾在酒吧里要了一杯没有调制的甘蔗酒，味道甘烈，难以承受。眼前的甘蔗酒米盖尔调制过了的，加了冰块、柠檬、糖，口感温润，喝起来有一种畅快的感觉。吃野味的时候，我喝了两杯，吃饱了，仍旧让尤久添满，坐在躺椅上一口一口地抿着，看着夜空的星斗，想起了我的儿子。来亚马孙探险时，儿子刚刚出生，未等满月，我就忍痛离去，此时，我遭受着亚马孙湿热的煎熬，只好在心里默默祝福着儿子和他的母亲平安、愉快，等待我的回来。

"卡西迪亚"号在岸边的树丛中抛锚了，鲁道夫指着外面喊起来，

▼ 独木舟

◀ 河道布满藤蔓植物

看来这个地方他很熟悉。船员们忙了一天，迎来了休息的时刻，他们在一层的临时餐桌上吃饭，休又松终于摘下了他的眼镜，一边吃饭，一边哼唱着旋律优美的歌谣。

我和宛新荣、陈光伟正在闲聊，话题是刚刚吃过的野味，两个年龄相差悬殊的科学家对野味的认识有分歧，不断争论，都在坚持自己的观点。我没有资格发言，一边喝甘蔗酒，一边看着他们争论，有坐山观虎斗的味道。鲁道夫又来了，他指着河面对我们又说了一番话，陈光伟反应最快，他立刻站起来，欲同鲁道夫一起走。怎么一回事？我问宛新荣，他说鲁道夫知道这里有一条幽深的水道，特别漂亮，想带我们去看看，陈光伟想去，他也想去，相信我也会去。一条幽深的水道，又特别漂亮，这不是致命的诱惑又是什么？无须多说，我愿意与他们同行。

鲁道夫把一条独木舟划到大船的一侧，我们小心跳上去，前后坐成一排。鲁道夫在船尾划船，独木舟轻轻摇动，漫进一片淡黑的夜色里。承担4个人的重量，独木舟显得很吃力，我们静静地直起身体，努力保持平衡，以便使独木舟平稳前行。独木舟离大船越来越远了，回首张望，在宽阔的亚马孙河里，"卡西迪亚"号很像一个光彩夺目的建筑。鲁道夫熟练地划桨，独木舟绕过一个小河渚，船头轻轻一扭，就钻进了一条阴森的河道。亚马孙河没有漆黑一团的夜晚，因植被的完好，使夜空碧蓝、深邃，月光如水，任何一个夜晚，都能依稀看见眼前的景物。乘独木舟进入这条幽深的水道，我们的体会更深，仅两米宽的水道，视线极好，前方几十米的地方清晰可见，如不是水道弯曲，还会看到更远的地方。即使这样，鲁道夫还是打开了照明电筒，他担心我们走了弯路回不来。独木舟在水道里如树叶一样漂着，鲁道夫手里的桨轻轻一动，独木舟就翘起船头，向前疾行。两岸是常见的水淹林，老死的树木横躺在林子里，被气生的藤蔓植物缠绕着，有一点枯树逢春的样子。气生植物通常都是寄生在其他植物上，为了生存的需要，它们长着锯齿一样的爪子，遇到什么就会立刻附在上面。阳光是它们的致命杀手，但是它们借助飞溅的水花和急流中的水泡，依旧保持着自己的青春活力。别看它们长得多么粗壮、修长，只要把它们割下来，放到阳光下暴晒，最多1小时的时间，它们就会原形毕露，很快枯萎成小手指一样粗的败叶残枝。为此，我们说气生植物是亚马孙热带雨林的纸老虎。

独木舟被一根倒卧的枯树挡住，枯树两端缠满了气生植物，犹如绳索紧紧系在上面。宛新荣起身，用船桨把气生植物打碎，然后把枯树推到一边，水路就通畅了。从这里开始，水路两侧的树更加茂密，有的树冠紧紧拥抱在一起，把一个黑乎乎的暗影投在河面上。从这个黑乎乎的暗影下穿过，脊梁骨冒出几丝凉气，我们知道，鲁道夫所说的一条幽静的河道由此开始了。独木舟幽灵般地向前移动，我们 3 人僵直地坐着，有一点担心害怕。尤其是经过大树的时候，浑圆的树冠向下俯瞰，如同一个站在河边沉思的巨人。一阵瑟瑟的声音从树上传下来，持续了几分钟的时间，鲁道夫手里的电筒直射过去，顺着光线，我们看见一群猴子在一棵大树上蹦来蹦去，表情恐慌、警觉。这是一群猕猴，在马纳卡布鲁逗留时见过，没有想到，在夜半时分，于此再见猕猴，不难看出亚马孙动物的丰富。独木舟又向前移动，在进入一个圆形的河面时，一只大鸟振翅腾飞起来，翅膀扇动的声音像鼓声，

▼ 密林深处

随之是鸟的叫声，此起彼伏。独木舟在这个圆形的河面转悠，电筒微弱的光线射向四周的密林。突然，鲁道夫说，鳄鱼，你们看！顺着电筒的光线，在密林的水草中，发现两个绿色的光点，一眨不眨地盯着黑暗里的我们。宛新荣紧张起来，对鲁道夫说，快走吧，如果是具有进攻性的大鳄鱼，我们就会有危险。鲁道夫一直用电筒照着鳄鱼，单手掌桨，掉转了船头，才把电筒移开。独木舟划出圆形的河面，我的紧张情绪也松弛了，我知道，即使身后的鳄鱼胆敢来攻击我们，恐怕也来不及了。其实，见到鳄鱼的时候，我的心理状态与宛新荣是一样的。回来的时候，所见的河面泛着墨蓝色的波光，非常好看，尤其是河里的月亮，时而颤动，时而破碎，又时而静如处子般深思不语。刚才被宛新荣推开的枯树又恢复了原样，依旧躺在那里，似乎等待着我们的到来。宛新荣只好再次把枯树推到一旁，鲁道夫轻巧地把我们的独木舟划开，送到正确的水道上来。快到岔口了，我们悬着的一颗心终于落下，陈光伟拿过桨，也划了起来。他本能地相信，在这里怎么划，也不会划到无人区，因为，我们已经嗅到了清淡的柴油味。这说明我们离"卡西迪亚"号已经不远了。

船长的故乡

当我们进入梦乡时，"卡西迪亚"号依旧行驶在黑夜中的亚马孙河上。当我们醒来时，船已经停下来了，什么时候停下来的，不知道。推开船舱的木门，一缕炽白的光线射进来，我忙把墨镜戴上，眼睛适应了许多。走出船舱，一眼就看见了岸边的教堂，再向左看，一个颇有规模的码头映入眼帘。来到船头，看见米盖尔正仰首向教堂的方向看去，我站在他的身旁，问了一句："这是哪里？"

"科阿里。"米盖尔一直向前看着，轻轻地说了一句。

科阿里，这不是米盖尔船长的故乡吗？难怪他伫立在船头，久久地看着这座优美的城市。我想，他一定看见了从葡萄牙闯荡亚马孙的祖父在科阿里挣扎的历程，一定看见了自己的父亲在祖父逃亡时所面对的困境，一定看见了自己童年的脚印和昔日的苦难生活。我与米盖

▼ 在科阿里的码头抛下了铁锚

尔深谈过，了解他的经历，因此我能在此刻洞悉他的心路历程。

吃完早餐，米盖尔对大家说，科阿里是亚马孙的第二大城市，在19世纪中叶，曾是亚马孙州首府的所在地，也是亚马孙下游重要的交通枢纽和物资集散地，大家可以用一天的时间在科阿里考察、购物。另外，曹敏做样方的地点离这里有160千米的距离，那里有原始森林，面积很大，相信曹敏会满意。曹敏的样方，成了科考队的心病。米盖尔一直在想办法疗治曹敏的心病，其实，这也是我们集体的心病。

科阿里也是我们第一阶段探险的终点，也就是说，我们离开马瑙斯的直线距离已有500千米，把进入支流的距离算进去，我们已经走了800千米，科学家取得了一定的科研成果，用硕果累累一词概括并不过分。在科阿里休整，明天完成样方的测量工作，后天我们就可以返航了。

我们开始陆续踏上跳板，迈向科阿里的码头，然后沿着木材搭建的通道，走向科阿里的深处。米盖尔也上岸了，他的目的是为"卡西迪亚"号补充给养，他打算把几个空柴油筒装满，还想买一条大鱼，作为我们的晚餐。我久久看着米盖尔的背影，直到他与鲁道夫和坎达一同消失在人群中，我才与陶宝祥、聂品、陈光伟、曹敏漫无目的地走进科阿里。因船长米盖尔，科阿里对于我来讲就有了更多的人文色彩。

在探险的路途中，我们经过了马纳卡布鲁、阿纳蒙、科达雅斯，城市的格局对工业化摆出了傲慢的架势，它们以自己的近于原始的生态，呈现出牧歌般的魅力。科阿里与它们有着明显的不同，因交通便利，城市的商业非常繁荣，财富的大量积累，又促使城市建设得到了空前发展，因此，我们看见了琳琅满目的商品，庄重、典雅的房屋，熙熙攘攘的人流。走出科阿里的码头，等待我们的是一条石子铺成的街道，路两侧是一个挨一个的商铺。向前走，是一个丁字路口，向南转去，迎面而来的是一个较大的广场，广场中央立着耶稣的塑像。面对塑像觉得面熟，细想，原来这座塑像模仿的是里约热内卢耶稣山上耸立的60余米高的耶稣塑像，大小各异，形状相同。广场旁有一个

农贸市场，从大门看进去，我们见到了诸多商贩
和丰富多彩的农副产品，交易者众多。我们看过
3 个农贸市场，这个流域的农副产品没有太大的
区别，也就不想在这里浪费时间了，索性向前走
去。向左拐，是一条狭窄的小路，路两侧的房子
有点老，墙壁的石灰有的已经大面积脱落，有历
尽沧桑的感觉。不知为什么，我在这里站住了，
抬手抚摸着墙壁，看着房檐上的一排鸽子咕咕叫
着。米盖尔的祖父在这里住过吗？他想报复的人
是一个什么样的人？为什么要报复他？谁让他报
复的？他最后的归宿又在哪里？几十年前的往事
了，我居然能从发生事情的地方经过，如同一个
历史的见证者，熟读着昔日的档案。陶宝祥在前
面喊我，一瞬间我便从沉思中醒来，抬眼看去，
房檐上的鸽子已振翅飞走了。我追上他们，回到

▼ 科阿里街头即景

现实中的科阿里，眼前一辆汽车飞快驶过，汽车两侧画着一张大幅人像，顶上安放着一个大喇叭，一串串葡萄牙语从喇叭里流淌出来。尽管我不懂葡萄牙语，单看那架势就知道，这是政治集团的竞选表演，那张大幅人像就是竞选的主角，是议员选举还是市长选举，就说不清楚了。路旁有一家酒吧，我们没有商议，就一同走了进去，走了那么远的路，也该轻松轻松了。也许是上午的缘故，没有人要啤酒，就叫了可乐，解解渴，随便聊一聊，谈着对科阿里的观感。陶宝祥说科阿里挺美的，如果亚马孙州的首府不搬到马瑙斯，科阿里会更发达。据说亚马孙州的首府经常搬来搬去，最后才落脚马瑙斯。曹敏说巴西的首都也喜欢搬来搬去，开始在萨尔瓦多，后来搬到里约热内卢，再后来又搬到了巴西利亚。我说巴

▼ 科阿里街头即景

西人喜欢折腾，大家笑了笑，低着头喝着可乐。

走出酒吧，继续朝南行，又看见一座教堂，在巴西的城市里旅行，所见到的最漂亮的建筑都是教堂，作为信奉天主教的国家，他们把建造一座壮观的教堂看得十分重要，似乎全部的智慧都融铸在教堂里了。眼前的教堂又是草绿色，与门前的草坪相映成趣，一群鸽子在草坪上踱步，又不断地在草坪上寻找着食物。在十几天的旅行途中，我发现亚马孙河流域的教堂基本上都是草绿色，曾在马纳卡布鲁、阿纳蒙、科达雅斯所见到的教堂都是这个颜色，它们仿佛是从草地上长出来的，浑身绿色，如同一棵大树。来到教堂的背后，有一片树林，再向后走，就是一条陈旧的街道，西侧是一排木结构的平房，开放的院子长着几棵芭蕉树，一个50多岁的中年妇女正站在门口向我们张望。喝了一肚子可乐，又走了这么长的路，想找洗手间方便一下，遗憾的是我们经过的街道没有看见洗手间，来到这个僻静的地方，又开始寻找起来。我们来到向我们张望的中年妇女的面前，用英语向她询问，

▼ 科阿里教堂

她笑着摇头，表示不懂。我们尽可能地借助手势继续向她述说，可她还是不明白。她看我们一眼，转身把她的儿子叫出来，于是我们又对她儿子重复刚才的话语，有趣的是，她的儿子直摇头，也听不懂我们所表达的意思。他的母亲就在一旁友好地笑。母子两人的表现，把我们也逗笑了。陶宝祥说，我们还是回船上方便去吧，这里太难沟通了。于是我们向他们摆摆手，转身离开了。到了码头的另一边，有一个露天赌场，一群人围着，轻松地看着

▲ 老船长难得的微笑

在眼前转动的轮转盘。聂品走过去，掏出几张零钱，下了一注。轮转盘转动起来，不到一分钟的时间就慢慢停下了，其中的标志正对着聂品下赌注的地方，聂品小赢。小赢也是赢，聂品高兴了，赌兴大发，又接二连三地下赌，也许这一天是聂品赌博的日子，他下的赌基本上都赢了，看来他在科阿里的运气不错。码头的这一边也有一条路通向那个木板搭建的长长走廊，只是需要上一层台阶，就可以归到主路上来，然后，通过搭在船头的跳板，一跃登上船的甲板。

吃完有炖鱼的午餐，我们就进船舱休息了，刚才吃饭时陶宝祥说了，下午，我们研究做样方的事情，探险队所有的人都要参加。我在走进船舱的时刻，发现米盖尔船长又来到船头，出神地看着岸上的科阿里。我轻叹一口气，难怪古人说，哪里埋葬着亲人，哪里就是你的故乡。米盖尔的故乡一定是科阿里，而不会是别的地方。

►▷ 密林深处做样方

　　做样方的地点终于确定了，我们从科阿里继续前行，在 160 千米处进入右侧的支流，再航行 16 千米，岸边就是一片漫无边际的原始森林。

　　为了赶时间，天刚亮，"卡西迪亚"号就起锚了，行驶了 3 小时，船进入支流，不久就停靠在河道边，我们又要换小船了。我们穿上了长衣长裤和结实的鞋子，又把帽子扣在头顶，拿着锹、镐，逐一上了小船。待坐稳后，发动机轰鸣起来，船头立刻翘起，随之将河面切开，向前急行。在这一大片树林的边缘，小船不断周旋着，它在寻找进入

▶ 印第安人向导用龟壳喝水

树林的入口。浓密的枝叶将路遮挡得严严实实，就连鲁道夫也一筹莫展。没有办法，鲁道夫只好硬着头皮，抡起一把锋利的砍刀，在岸边砍出一条勉强可以进入的通道。我们拿着各自的工具，弯着腰，爬上一段缓坡，就由此进入了密林深处。林内一片幽暗，这是茂密树冠覆盖的结果。阳光进不来，正因为如此，林子里见不到花团锦簇、万紫千红的景象，举目望去，尽是一些可怜巴巴的白色小花，瘦小而贫瘠。不过原始森林的美丽清晰可见，迎着太阳摇曳的树冠，在大树上另外长出的、被植物学家称为"附生植物"的花花草草，它们飘动的气根如修长的头发，在细风里摇荡。林子里还涌动着清香的味道，一层层散开，令人迷醉。

一到缓慢的下坡路，我们的腰可以直起来了，突然，一朵绚丽多彩的花出现在我们眼前，它像从天而降的美女，微笑着面对我们。其花瓣向四周散去，上面是一撮线一样弯曲的枝蔓，均匀地围成一圈，中间长着一根轻轻颤动的绿色花蕊。看见它的人都站住了，几乎所有的人都轻声说道——西番莲。亚马孙妖女般艳丽的花朵西番莲就这样与我们相遇了，在森林里它显得别致、纯粹。

走进来不久，我们渐渐适应了森林里的光线，视线所及，不乏动人之处。攀援植物豆瓣绿的叶片如鬼斧神工般镶嵌在粗大的树干上，藤本植物如一条绳索向上挺进，坚韧地捕捉着阳光。地上到处是真菌，五光十色的真菌挺着圆圆的盖顶，发出阵阵暗香。曹敏曾对我说，森林里的真菌对森林的生命循环非常重要，它们分解着森林中的碎屑，使其化成其他植物的养料，建立起一个畅通的物质循环环境，从一个新的角度保护着森林。

顺着缓坡下来，是一个干涸的河床。如果是雨季，这里就是一条潺潺流动的小河。此刻，河水已去，河床就成了我们做样方的大本营，一切工作将从这里开始，然后又在这里结束。曹敏拿出GPS卫星定位仪测量了下，告诉我们，此地为南纬4度7分，西经63度12分，海拔高度37米。

陶宝祥、陈光伟、曹敏、宛新荣开始整理绳索，计划是以我们所在的地点为轴心，向前后左右延伸，确定1公顷的森林面积，再用绳索把一部分围起来。曹敏是做样方的负责人，他不断地跑来跑去，查看森林的情况，采集自己所需要的数据，然后给大家做了具体的工作分工。每两个人一组，负责10米宽、100米长的森林面积，测量其中胸径在10厘米以上的所有树木。一声令下，各个小组各就各位，开始工作。我和宛新荣分在一个小组，在紧靠样方左侧位置，他用尺子量，我在一边记，踏着丛生的杂草、灌木丛，从一棵棵树前经过。由于树多，工作量大，我和宛新荣定时交换角色，我量，他记。应该说，我量的树基本上我都不认识，也许是树多的缘故，也就没兴趣一棵棵地询问了。

此时是亚马孙的冬季，落叶的季节已过，但我们脚下的地面被花朵、叶片和一些干枯的短树枝所覆盖，几乎是看不到泥土的。一年又

▼ 指挥做样方的陶宝祥

▲ 做样方的曹敏

一年，一季又一季，一层层的叶片累积起来，渐渐被微生物慢慢地分解为腐殖质，变成泥土里的物质，最后，这些物质又被树根吸收，实现森林内部的物质循环。由于雨水过多，树根吸收的物质是有限的，这些物质大部分会被雨水冲到河里，使河水变黑。另外，这些树在长期的进化中已经与真菌形成共生关系。树木全身布满了真菌，这些真菌与植物的根有着密切的联系，有的甚至可以侵入根的细胞里。真菌把落在身上的树叶、花瓣、树皮逐渐腐化为无机物，进而被植物的根部吸收。同时，真菌可以从寄主植物中吸收糖类等有机物供自身生长需要。森林里的树，根部隆起，都在拼命地向四周蔓延，有的植物学家认为，这是树木在扩大与真菌的接触面。另外，蚂蚁等一些昆虫也为树木的生长提供了方便，蚂蚁常把树叶藏在巢穴里，培植一种霉菌供幼小的蚂蚁食用，于是，树叶在腐化的过程中变成了无机物被植物同化吸收。这些真菌属于大自然的分解者，将复杂的有机物分解为无机物为生产者重新利用，它们在生态系统中的地位很重要，如果没有它们，物质循环将会停止。

　　我在感受着森林风采的时候，不知不觉已完成了大半的测量工作，我直起身体，想与宛新荣说说话，忽然，一个半米高的野兽从我的眼前跑过，我抬腿追过去，看见了野兽隆起的脊背，粗毛一根根立起来。野兽绕过一棵大树，就在眼前消失了。宛新荣正往本子上写着什么，看着我跑到远处，又无奈地走回来，便问我看见了什么。我就说了野兽的样子。宛新荣推了推眼镜，告诉我，可能是食蚁兽。食蚁兽？就是那个长着长长的舌头，如一把刷子伸进蚂蚁窝，轻轻一卷，就可以把蚂蚁一扫而光的食蚁兽？我久闻食蚁兽的大名，遗憾的是在森林里与它擦肩而过，未能把它看得更清楚些。看我遗憾的样子，宛新荣又喋喋不休地向我介绍食蚁兽的特点，包括它的食物、发情期、寿命期、活动的规律。别看宛新荣是研究老鼠的，他对亚马孙的动物如数家珍，说起来头头是道。但他毕竟是研究老鼠的，此次进入原始森林，他没有忘记带来十几支老鼠夹子，又一一放到隐蔽处，等待老鼠就范，以便他开展亚马孙老鼠的研究课题。

　　大约用了 5 小时的时间，我们完成了在 1 公顷的面积里所进行的样方测量，最后回到我们的大本营汇总。我不知道别人测量区内的树有多少棵，我和宛新荣测量区内直径在 10 厘米以上的树木有 350 棵，具体树种说不清楚。我把记录本交给曹敏，他客气地说了声"谢谢"，然后，又去收集别人的记录本了。这些记录本对曹敏很重要，将为他的植物学研究提供数据支持。

▶▷ 送桨话别

　　完成了第一阶段的探险考察，"卡西迪亚"号将返回马瑙斯进行休整。"卡西迪亚"号逆流行进，需日夜兼程，坐在船上，我们常有黑白颠倒的感觉。

　　一日醒来，发现"卡西迪亚"号停在岸边，岸上有十几户人家，一条木头铺成的小道延伸到河边的简易码头。大雨滂沱，河岸的树木低垂着，似乎在享受着雨水的冲刷。我已经掌握了米盖尔行船的规律，一遇见风雨，他就会让坎达或休又松抛锚，等待风雨过后再继续航行。米盖尔为一船人的生命安全几乎操碎了心。早餐是在雨中吃的，雨从南面溅进来，鲁道夫就用一块塑料布遮

▼ 印第安人加工木薯粉的作坊

挡起来，光线暗下来，但我们躲过了雨水的干扰，可以在甲板上安静地喝咖啡，时不时向小村里看一眼。没有人大声说话，是疲劳，也是亚马孙独有的湿热，几乎把我们击溃。如果不是信念支撑，恐怕我们早就回家了，尽管我们的家需要飞行30多小时才能到达。喝了3杯咖啡，简单吃了一块涂着黄油的面包，很快雨就止了，乌云一过，朝阳出现在天边，视线一下子明朗起来。遮雨的塑料布撤下来，甲板变得分外通透。所有人的情绪随着环境的改变也改变了，胃口大开，话与阳光一样稠密起来。我们开始议论这个小村子有多少人，是靠打鱼为生，还是以种植为主。在此次的探险过程中我们发现，亚马孙的土地富饶而贫瘠。它生长着如此壮观的热带雨林，却不给庄稼留有生存之地。通常的农作物在这里活不下去，即使种植最爱生长的木薯，几年以后，土地也会失去活力，像沙子似的粗糙。正因为如此，印第安人经常迁徙，他们不断地寻找家园，又不断地逃出家园，一生累在路上。

天晴以后，村子里就有了人影，我看见一对母子一脸喜悦地向码头走来，他们踏在一根原木上，向船上张望。厨娘喊了一声，只见坎达跑过来，见到码头上的母子二人，热情地挥手致意。少顷，坎达转身离去，遂又返回，手里拿着一件科考队所发的T恤衫，跳过栏杆，动作敏捷地飞到码头上，与母子二人一一拥抱、亲吻，然后把蓝色的T恤衫交给眼前的少年。不用说，他们是坎达的妻子、儿子。我们都感到有点吃惊，原来坎达的家在这里，而不是马瑙斯。也就是说他在亚马孙重镇也是打工一族。一家三口说了一阵话，坎达又回到船上，一边工作，一边与岸边的妻子、儿子打招呼，直到"卡西迪亚"号起锚航行。

第一阶段的探险任务完成后，个别成员就要离开了。首先是坎达，作为米盖尔的雇员，他们之间的契约合同执行完毕，坎达也许回家休息，也许去另外的船上打工。在巴西，人们似乎没有什么约束。曾听新华社的记者汪亚雄讲，巴西人的时间观念很淡薄，约会谈事，最乐

▲ 提前回国的科学家曹敏

观的也要迟到半小时以上，即使迟到一小时也是正常的事情。不过从另一个角度来看，巴西人潇洒到了极致。

离开科考队的还有克瑞斯，他与科考队的合作领域就是亚马孙河的下游，去上游时，马瑙斯大学要派詹姆斯参加，那是一个印第安人，有120千克重的大胖子。我们参观马瑙斯大学时见过他。

无法继续同行的还有特别想与我们同行的曹敏。他要去加拿大参加国际科学学术会议，国内已经为他定好了机票，他在经过30多小时的飞行、15小时的转机等候后，才能抵达昆明，3天后，又要马上飞回北京，搭乘国际航班前往北美。我与曹敏一直住在同一个房间，对这位40岁出头的科学家有点了解，应该说，他的科学家素质非常高，耐得住寂寞，敬业感强，品质超群，深得队员们的称道。还有刘鑫，中央电视台记者组的负责人，单位有事，要求他回去。但是他能否回去还是一个未知数，因为法国航空公司的机票签转非常麻烦，如不行，他就要与我们再一次浪迹亚马孙河吃二次苦，遭二茬罪。

尽管每个人的心里都有准备，但分别的滋味毕竟不好。米盖尔善解人意，他要求厨师尽可能为我们做一些可口的菜，甚至要求她们参考一下中国的菜谱。陶宝祥让宛新荣拿出送给克瑞斯和坎达的礼物，他准备在"卡西迪亚"号抵达马瑙斯时送给他们。一路上，我们的友谊不断加深，我们希望他们一生平安。站在船头可以看见马瑙斯亚马孙歌剧院的绿色穹顶时，米盖尔为我们的分别举行了一个小小的仪式。这位历经了无数次分别的老船长穿着整洁的衣服，拿着一个笨拙的木桨出现在我们的眼前。没有人暗示，我们一同鼓掌。甚至是有点感动地看着米盖尔。陶宝祥首先讲了几句话，他感谢米盖尔船长和坎达的出色服务，感谢克瑞斯与中国科学家的良好合作，并希望他们到中国去作

▼ 老船长送曹敏木桨留念

客。他谈话的焦点对着外国人，这种礼貌也许是出于国际惯例。米盖尔讲话时也不断称赞曹敏和科考队的所有成员，然后讲了一个笑话。他说，一个信使进入亚马孙的印第安部落，他用香皂在河边洗澡，印第安人觉得好奇，因此，他们洗澡时就向信使讨要香皂，信使用刀子切了一半交到一位印第安人的手里。印第安人看着手中的半块香皂，然后去河边洗澡。信使即将离开印第安部落了，他觉得印第安人的弓箭不错，就向他们索要，印第安人点点头，表示同意。可是，令信使不解的是，印第安人拿着弓箭走进了他们的木房子，出来时，手中的弓箭变成了两截，他把其中的一截送到信使的手里，信使看着手中的半截弓箭哭笑不得。大家笑起来，米盖尔接着说，曹敏曾对我说，独木舟的桨不错，我就想起了那个信使，但我不会把木桨截成两截送给曹敏，现在我就把一个完整的木桨送给即将回国的曹敏，请听我说一句，我们的相识很重要。看着米盖尔，看着木桨，我们又开心地笑了起来，米盖尔接着说，你们别笑，等你们离开亚马孙时，我会每人送一个。大家又笑起来，在笑声中，曹敏高兴地接过了米盖尔手中的木桨，用英语说着"谢谢"，我们在一旁鼓掌。接过木桨的曹敏又走到每一个人的身边，让大家在上面签名留念。

"卡西迪亚"号在码头边停下，我们又分乘小船登岸了，并与坎达一一拥抱，便无奈地分别了，也许又是终身的分别。克瑞斯与我们回到马瑙斯，在汽车上，我对他说，很想见到他的夫人，晚上吃饭时，希望把她带来。克瑞斯高兴地答应了。经过一番亚马孙的风雨，我没有忘记克瑞斯与有 3 个孩子的印第安女人传奇般的爱情。

巴西人的体育热情

　　子夜时分，送走了曹敏、刘鑫，回到空荡荡的房间里睡不着觉，两眼直直地看着天棚。耳边回荡着露天音乐会轻快、单纯的旋律，精神再度兴奋，睡意全无。我靠在床头上，打开灯，捡起郑晓华的《古典书学浅探》读起来。在亚马孙，读着中国人谈书法的书，想想也挺有意思的。挨到天亮，洗了澡，就去17层的餐厅吃早点。大自然酒店的餐厅设在最顶层，视线非常好，一边喝咖啡，一边看着城市的景观，赏心悦目。

▼ 作者与聂品（左）、印第安人向导在一起

▲ 作者与陶宝祥在驾驶舱

添咖啡的时候，陶宝祥和聂品来了，我们点点头，不约而同地坐到了一起，一边吃着东西，一边谈论着对马瑙斯的印象。媒体的朋友都年轻，昨天喝酒喝了通宵，不到中午是起不了床的，来餐厅吃饭的基本上都是中年人。今天是休息的时间，不安排集体活动，所以陶宝祥提议我们3人搭伴去城里转转。我与聂品表示同意，但是，去哪儿呢？聂品说，马瑙斯有一个非常大的超级市场，是购物、散步的好地方，不妨去看看。聂品是"海归"，他的判断具有参考价值，我与陶宝祥没有异议，就随他去了。

在大自然酒店门前叫了一辆出租车，聂品带路，十几分钟的时间，就把我们送到了超级市场的门口。上午9点了，超级市场还没有正式营业，我们就在走廊里徜徉，看着橱窗里的商品。走廊天棚是用玻璃搭建的，光线极好，身处其中，身心松弛，就觉得眼前十分舒适、温暖。超级市场分3层，每层都有1万多平方米，装潢考究，货物品质较好，大致来自南美洲、欧洲、亚洲国家。我们没有明确的购物目的，东走西逛，到了中午，就把超级市场的角角落落看了个一清二楚。最后，我们在最底层买了一些咖啡、甘蔗酒，便到餐饮区找地方吃饭去了。刚才陶宝祥夸下海口，要请我和聂品吃饭，这位有着犹太人头脑的探险活动家说出这种话不容易，我们还没有吃就紧着感谢，好像说慢了，陶宝祥就会打消请客的念头。

超级市场的餐饮区经营着各种风味的食物，这为我们的选择提出了难题。最后由聂品拍板，他说应该是"客随主便"，既然是在巴西，吃巴西的公斤餐比较合适，有特点，还便宜。我在里约热内卢、圣保罗吃过公斤餐，所谓公斤餐，就是自助餐，但不是随便吃，需要用秤称，按重量收钱。不同的是，超级市场的公斤餐厅不像快餐厅，比较豪华，是西餐厅的摆设，桌椅用上等的褐色巴西木制作，上面放着做工精细的烛台。墙壁上悬挂着油画，有静物也有风景，色彩的反差不大。一个角落里放着一组音响，正播放着一支节奏缓慢的乐曲。我们在餐台上捡了肉、香肠、蔬菜、水果、面包等，然后来到一位小姐的面前，她的身边摆着一台电子秤，把托盘放在上面，小姐在一张纸条上写了一组数字，又交给我们，我

知道这是我们食物的重量，再添时，还要记，直到结账为止。端着托盘，我们来到一张空桌旁落座，又单点了啤酒，便有滋有味地吃了起来。今天没事，吃饭的速度明显放慢了，似乎不是在吃饭，而是在感受环境。陶宝祥随意看了一眼悬在空中的电视机，正播放的画面让他突然想起什么，原来今天是雅典奥运会开幕的日子。我和聂品也恍然大悟了，忙着向电视机的屏幕看去，电视机播放着各国运动员的入场式，电视机前有许多人在收看。突然，一阵喧嚷声差一点撑破了我们所在的空间。我们不知道发生了什么，仰首向那边看去，只见一堆巴

▼ 有"亚马孙心脏"之称的马瑙斯

西人一脸喜悦，他们高举手中的啤酒杯，高一声、低一声地呼喊着。聂品说，巴西队开始入场了。原来他们是在为自己国家的运动员欢呼。巴西人酷爱体育，尤其对足球更加看重，我在巴西旅行时对这一点体会最深。一次在里约热内卢，恰巧遇上巴西足球联赛的重要比赛，我看见大街小巷挤满了行人，年轻人拿着一罐啤酒，手舞足蹈地说着什么，也许猜测着哪一支球队能够获胜。旅居巴西的作家袁一平对我说，如果在重要的足球赛中你的表现冷淡，很可能遭到攻击。巴西人就是这样热情和简单。巴西人的热情和简单，我们又一次领略到了，电视导播一直切入巴西运动员入场的镜头，穿着绿色运动装的巴西运动员始终在电视画面上晃动，许久，才切入其他国家代表队的镜头，但马上又回到原来的位置，我们所看到的仍然是一脸阳光的巴西运动员。我们看着电视机，感受着巴西人独特的情感方式，常常笑起来。陶宝祥说，这才叫真正的潇洒。

已经到了傍晚，我们在这里逗留了 8 小时。电视机仍在播放奥运会开幕式的节目。我们相互看一看，准备回去了。叫来服务生买单，小伙子拿着桌子上的单据走向总台，又马上返回来，然后告诉我们，在这里的消费金额是一百五十黑奥，比想象的多了一倍。我和聂品觉得这餐饭值这些钱，陶宝祥有点迟疑，这位视俭朴为美德的探险活动家念叨几句"贵了、贵了"，才从口袋里掏出钱，兑现了他请我和聂品吃饭的诺言。

▶▷ 露天音乐会

　　我在大自然酒店的餐厅草草吃了一点东西，就来到酒店的大堂。我和陈光伟、宛新荣约定，一同去亚马孙歌剧院看看，那里经常有露天音乐会，挺有魅力的。我去过多次，尤其是夜幕降临、华灯齐放的时候，亚马孙歌剧院周围有一种难以言说的意境。

　　对着大自然酒店的是一条弯曲的小路，路两边的建筑至少有百余年的历史，墙壁斑驳，色调灰暗。我们3人徒步前行，用陈光伟的话来说，就是经历一个陌生城市的夜晚。马瑙斯的夜晚有点阴森，在船上，克瑞斯与我们闲聊，他说马瑙

▼ 放松时刻

斯的黑社会势力强大，有时候连警察都无能为力，让我们出行时注意安全。当时我说，克瑞斯你在马瑙斯生活了3年，除了得了一次登革热，不是完好无损嘛。克瑞斯笑了，无奈地摇摇头。因此，每当马瑙斯进入夜晚，我们就会挺胸潜入，找寻我们的乐趣。

　　弯曲小路的尽处是一个不大不小的广场，左侧的一排房子是商店，门前摆着桌子，一些人在那里喝酒聊天，一副兴高采烈的样子。商店对着的就是我所说的的广场，走过去，我们就被浓烈的噪声包围了，广场的正前方，停着一辆卡车，上面的音响播放着刺耳的音乐。我们忍受不了这种恐怖的环境，匆匆穿过广场，又匆匆过一条马路，便拐进了斜对广场的幽深小路，向亚马孙歌剧院方向走去。也许亚马孙歌剧院所处的位置是商业区，越靠近它，越觉得路边的建筑好看起来，不时可以看到在圣保罗见过的深宅大院和铁栏杆后面的精美建筑，线条简练的房檐像音乐般优美，宽阔的木门严密地关着，似乎永不开启。华丽的灯光从小窗里流淌出来，如水般洒向地面，白晃晃，有一点耀眼。此时这里听不到一点点的声音，不知房子的主人此刻在干什么，他们究竟又是什么样的人，为什么他们住在这里。克瑞斯曾对我说，马瑙斯贫富悬殊，他所接触的富人即使放在美国的纽约也不逊色。因为他们有海盗的背景，祖宗在动乱年代完成了原始资本积累，在巴西100多年的超和平时期，他们的投资又给他们带来了无尽的财富。穷人呢，一辈辈穷着，一年不如一年，似乎永远在生死线上挣扎。

　　绕过一排别墅一样的房子，我们就看见了亚马孙歌剧院的侧面。在灯光中，那个侧面也有着几分质感，观赏价值不亚于一部歌剧。我几次来这里，都是坐车，有向导陪同，总是先看到歌剧院的正门。然而这次信步前往，能有机会看到歌剧院的另一面，应该说收获不小。显然，陈光伟与宛新荣也被歌剧院的夜色迷住，他们与我一同沿着歌剧院的一侧，走向正门，最后站在可以看得见广场的一个钟楼教堂的平台上。与此同时，耳边响起了音乐的声音，那是右侧露天音乐会传过来的，转头看去，只见一个小管弦乐队在不太高的临时搭建的舞台上演奏，一位女高音站在乐队的中间，激情澎湃地演唱着。舞台前放着20多排可移动的靠椅，前10排几乎坐满了人，不喜欢坐着的人就站在树下欣赏。我们几乎是在同一时间感受到了音乐的力量，没有商议，就向那里走去，我们也将与舞台前的观众一样，成为一个远来的知音。后面的几排靠椅空着，我们依次坐下，然后神情庄重地看着舞台。少顷，陈光伟说，好像需要买票。我们看见一个人拿着方盒子走到前排，观众不断地向方盒子里放入小额的纸币，于是，我掏出几张黑奥，准备放入方盒子里。可是，拿方盒子的人迟迟不到我们的身边来，其实，他已经看见了我们，为什么不过来收钱，我们不明白。陈

▶ 作者与《南美侨报》社长李建全在马瑙斯歌剧院

光伟也是一个"海归"，他对欧洲人的心理比较熟识，但在讲究平等、自由的欧洲，任何消费都会一视同仁。后来我判断，马瑙斯所来的中国人不多，那个拿方盒子的人觉得我们的面孔陌生，就把我们当成客人了，因此就给了我们免费听音乐会的待遇。对于我的判断两位年龄不一的科学家没有说什么，也许是乐队的演出把他们迷住了。

对乐队的演出和演员的演唱，我是不敢恭维的。如果仅把露天音乐会当成马瑙斯夜晚的美丽插曲，它美得不亚于一部歌剧。然而，当我们想在其中真正感悟音乐的魅力，可能就会觉得遗憾，乐手们的吹拉水平存在明显的差距，尤其是指挥，他对瓦格纳的理解根本就不准确，本来是极具昂扬、狂妄色彩的乐曲，竟然处理成轻快、平实的风格，像一支小夜曲。是不是巴西人对德国音乐有新的解读，他们对瓦格纳的音乐就是这种认识，或者说就是指挥玩世不恭？演员也缺乏严格的专业训练，高声部唱不上去，像一头爬坡的老黄牛，低着头向前挣扎。但有一点非常值得尊重，那就是他们的表演十分投入，生怕观众觉得他们不认真似的。看了半个多小时，我们起身走了，在回去的路上，我们议论着露天音乐会，我认为指挥、乐手、演员，有可能都是业余的，就像北京的京剧票友，有这个爱好，就利用夜晚的时间在亚马孙歌剧院的旁边搭台演出，看不看、听不听由你。

再向前走往南拐，歌剧院就在眼前消失了。我回过头，看着歌剧院迷人的侧面，突然产生了想到里面看一场歌剧的打算，于是就在心里默想，如果此次能从亚马孙河的上游活着回来，一定去亚马孙歌剧院买一张剧票，尽管歌剧票价格不菲。

明天我们又将远行了，我相信自己会回来的。我来过亚马孙，我觉得自己的运气要比新西兰探险家彼得·布雷克好多了。此刻，我又一次想起了他，对这位血气方刚的探险家我始终怀有深深的敬意。

▶▷ 附生仙人掌

2004 年 8 月 14 日，"卡西迪亚"号再一次起航，目的地是亚马孙河上游的重镇巴塞卢斯。旅途中继续进行动物、植物、地质、水文的科学考察，单程距离，包括进入支流的距离为 700 千米，将耗时 9 天。与上一次稍微不同的就是人员有了一点变化，詹姆斯代替了克瑞斯，米尔干代替了坎达，我们的科考队少了曹敏、刘鑫。

扶着船的栏杆，看着渐渐远去的马瑙斯，开始想象着那个不同凡响的城市巴塞卢斯。记得同米盖尔交谈时得知，彼得·布雷克与这座城市也有着较深的渊源，米盖尔与他的最后一面，就是在这里相见的。

"卡西迪亚"号在河湾里兜圈子，速度较慢，绕过一个被河水冲刷出来的绿洲，刚要向一条河道驶去，一条由小船向我们靠拢，站在船头的一个印第安人不断地向我们挥手，不知说着什么。米盖尔看见

▼ "卡西迪亚"号再度起航

了他们，让休又松停船，然后放下跳板，让小船靠近。米盖尔站在船边，与他们交流，片刻，他又跨进小船，低头看着什么。我站在二层的甲板上，伸头下望，只见船老大打开一个木箱，里面有十几只身上有花纹的乌龟，它们拥挤着，相互纠缠。米盖尔躬身翻了翻木箱里的乌龟，又与船老大说了几句话，然后，摇摇头，回到"卡西迪亚"号上。我觉得好奇，就下到一层，问宛新荣是怎么一回事，他说是卖乌龟的，米盖尔说这些乌龟是亚马孙的保护动物，不可以宰杀吃掉，希望他们能放生。米盖尔正向船头走去，看着他厚实的背影，我的心中涌起了一股暖流。

我又上到二层的甲板，看着那条小船渐渐在视线里消失，才转过头，向尤久要了一罐啤酒，独自喝了起来。

突然我感到了一丝丝的凉意，向河岸望去，一种鲜有的感觉出现了，褐色的、有一点阴森的河水宁静地流淌，河面变窄了，也没有往来的船只，我们的"卡西迪亚"号昂扬挺进，切开的河浪向两岸涌动，

▼ 两岸植被茂密

使岸边的水淹林不停地摇摆。我知道，这是通往内格罗河——黑水河的一条水道，但我的经验告诉我，这是一条原始的河，岸边自然是没有人烟的原始森林。黑水河的水呈酸性，河深近百米，印第安人在这里捕不到鱼，因此，也就没有兴趣在此地安营扎寨。深不可测的河水，让这块地方更加神奇，我惊讶地看到水边的植物相互交错，藤蔓植物串到树冠上又潇洒地垂下，圆圆的树冠如波浪起伏，在碧蓝的天空下自由荡漾。这样奇美的风景倒映在河面，真实得如同树林对称生长，一方向天，一方对水。这里常常能看到绽开在矮树枝上的红花、兰花，不艳丽，却妩媚，它们像一支乐曲里的不和谐音，点缀其间，腾升起万般情谊。没有夸张，我是第一次看见如此静谧、凄冷、简约而漫长的风景，在新疆的博斯腾湖，往返于茂密的芦苇丛中，看碱性的湖水，不失野性但缺少眼前的深邃与富饶。在欧洲所见的多瑙河，一眼就可以看穿它的雍容华贵，独独不见寂寞的冷艳，慎独的沉思。亚马孙河的这条支流绝对是独一无二的，是无法比拟的，是纯粹的。

队友们与我有同感，面对河岸，他们纷纷举起摄像机、照相机，记录着两岸独有的韵致。陈光伟诗兴大发，兴奋地朗诵着即兴之作。诗歌质量不敢恭维，记忆最深的就是这位科学家把河岸比做女人，引起大家的一阵欢笑。

中午过后，"卡西迪亚"号继续在这条河道上行驶，我们都不肯午睡，一直看着河岸，担心自己遗漏了河岸别样的景致。下午 3 时，船在一条小支流的河口停下了，米盖尔说，小支流里有奇怪的植物，相信我们会感兴趣，要领我们进去看一看。对于米盖尔的建议我们从不怀疑，他是亚马孙河的"活地图"，他所指的方向一定正确。米盖尔和鲁道夫一人开一条小船，等我们坐稳后，发动机开始轰鸣，迅速向小支流里驶去。亚马孙河有无数条这样的支流，水面不宽，林木秀美，飞禽众多，像一个童话世界。我们的小船一前一后，行驶了 20分钟，就进入了一个狭窄而漫长的湖面，中间有一片真正的水淹林，植物从水中艰难地站立起来，郁郁葱葱的。小船围着这片水淹林转圈，

◀ 附生仙人掌

一直找不到入口，只好不停地转。在一片低矮的水淹林附近，小船减速了，鲁道夫站起来，向里面看了看，便加大油门，向林子里冲去。低矮的植物被飞速经过的小船碾进水里，小船在巨大的阻力前毫不动摇，翘起前身，一瞬间就冲进林子里仅供一条小船通行的水洼。米盖尔驾驶的小船也进入水洼，两条小船放慢速度，向前摸索着。进入林子里，我是分不清方向了，GPS卫星定位仪也起不了多大的作用，唯一可行的就是凭借经验。鲁道夫常在亚马孙河里穿梭，他似乎特别适应杂乱无章的水淹林，仅几分钟的时间，我们的两条小船就靠近了几棵大树旁，鲁道夫指着树说："你们看。"

我们看见了附生仙人掌。仙人掌在我国也不是稀奇物，在花卉市场比大白菜贵不了多少。眼前的仙人掌挺有意思，它长在大树的树杈间，附生在树皮上，如不细看，就以为是挂在上面的装饰物。仙人掌宽大的叶片对称生长着，一串粉红色的花从里面伸出来，随风

▲ 附生仙人掌

摇曳，颇具风情。几棵树上都长着仙人掌，形状相同，大小不一。在亚马孙流域，附生植物比比皆是，它们基本上附生在大树上，有的靠空气，有的靠雨水生存，只是附生仙人掌并不多见。科学家们保护性地采集了一点样品，又拍了一些照片，在林子的水洼里又转了几圈，就开始按原路返回了。当时我有点担心，如此混乱的路径，鲁道夫能带我们顺利返回吗？鲁道夫的能力让我又一次折服了，他几乎没有错过一片树丛，就驾驶小船穿过那片低矮的水淹林，进入了我们刚刚经过的小支流。

疯狂食人鱼

　　船舱的窗户很小，但这并不妨碍亚马孙强烈的日光如水般流进来，冲走我的睡意，并直率地告诉我，新的一天到来了。

　　在亚马孙河流域探险科考，我们深刻地感受到南美洲这条大河的富饶，单说它的鱼类资源，有名有姓的就达2000种，科学家没有确定的还有1000多种。我是第二次到亚马孙，但那些稀奇古怪的大鱼，还是常常会使我惊叫起来，不由自主地感叹亚马孙的博大。

　　许多中国人对亚马孙鱼类的了解仅限于食人鱼。中国对食人鱼的管控，是为了保护生态平衡，以避免鱼类物种的入侵，同时，也让更多的中国人知道了这一凶猛的鱼种——可以食人的鱼。我是在3年前知道世界上还有这么一种鱼，为此，在亚马孙河里游泳，四肢显得异常僵硬，始终担心遭到食人鱼的攻击。重返亚马孙，我曾暗下决心，独钓食人鱼，演一次人鱼大战。我把自己的想法告诉了米盖尔船长，这位在亚马孙河如履平地穿行了几十年的老人，笑着说："你的愿望可以实现。因为你是食鱼的人。"米盖尔的幽默我领教了，作为我们在亚马孙的向导，他宽阔的胸怀和诙谐的言语，让我们在亚马孙河沉醉，甚至乐不思蜀。

　　亚马孙河的早晨有一种别样的格调，远处的林莽呈墨绿色，而倒映水中的树影却如同一幅白描。雾霭轻烟般围着树冠，与宽敞的河面遥相呼应，构成了诗一样的世界。米盖尔船长为我们准备了钓鱼的渔具，又叫上几个人，亲自开船，向河岸的支流驶去。路上他对我说："我们一同去，不介意吧？要知道，我领你们去的是食人鱼的领地，食人鱼特别多，我们去很可能有去无回。"也许，这又是米盖尔的幽默。不过，食人鱼的确具有超常的进攻性，当发现有伤口的人在河里，它们就会寻着血腥的味道集体攻击，它们会在几十分钟里把一个人啃成一堆白骨。小船驶进了支流，河面只有几米宽，两边是树木丛生的水淹林，亚马孙有名的"空中飞人"——猿猴，在树枝间跳来跳去。白色的鸟、黄黑相杂的鸟、结巢鸟，还有许许多多叫不出名字的鸟，在我们的头顶飞来飞去。进入支流后，米盖尔熄灭了发动机，用木桨划行。我们屏住呼吸，听着木桨拨水的声音，觉得格外亲切。小船前行了3千米，水道被枯死的倒木拦住，米盖尔把船头转向左侧的水淹林，靠着鲁道夫挥刀斩枝，才绕过去进入支流深处的湖泊。米盖尔把船靠在一棵大树下，将缆绳拴在树干上，把钓鱼的渔具分给大家，说了一句祝大家好运。

我接过渔具，不禁苦笑起来。一个空易拉罐缠着一根粗糙的渔线，一端系一个工艺简陋的鱼钩和一块铅坠。鲁道夫把一块牛肉切成碎块，挂到每个人的鱼钩上，示意我们可以钓鱼了。这……这能钓到

▼ 水道弯弯

◀ 凶猛的食人鱼

鱼? 我心存疑问。看一眼船长，他也是用这样的工具钓鱼，我索性也
把鱼钩沉入水中。最先钓到鱼的是米盖尔，这并不奇怪，他是亚马孙
人，当然了解亚马孙的鱼，何况在中国人面前，亚马孙的鱼也要给亚
马孙人十足的面子。看着笑容可掬的米盖尔摘鱼的样子，我如是想。
我不是钓鱼爱好者，在国内时没有去过一次湖畔、河边钓鱼，在亚马
孙河下线沉钩，多半是与食人鱼过不去。我拎着渔线，觉得时间过得
很慢，预感自己钓不到鱼。又是一阵哗啦啦的响声，米盖尔从水中提
起一条鱼，他炫耀地摆动渔线，鱼在鱼钩上拼命挣扎。这时，我仔细
看了一眼食人鱼，它的形状像常吃的平鱼，身子椭圆，尖嘴，牙齿尖
利，挂在鱼钩上，嘴也不断地张合，看架势是想咬掉鱼钩，野性毕露。
米盖尔把鱼放进蓄水的船舱，又把渔线沉入水中，一副志在必得的样
子。突然，我感到手中的渔线开始下滑，我立刻提线，渔线在手心滑
落，我又把渔线缠到手腕上，站起身，把一条十多厘米长的食人鱼拎
到木船里。这一瞬间的动作，让我忙成一团。不过，再忙，也值得。
要知道，这条鱼是我平生钓上来的第一条鱼，又是在亚马孙河钓上来
的鱼，其意义不同寻常。米盖尔向我竖起大拇指，表示祝贺。我看着
自己的战利品，有几分激动。我学着米盖尔，试图把鱼从鱼钩上摘下
来，可是，我的手还没有抓住食人鱼的身体，已被它翻转身体狠狠咬
了一口，我右手的食指顿时鲜血直流，一滴一滴地落在亚马孙河黑色

的水中。面对同行者的问候，我摆摆手说："钓食人鱼是需要代价的，这个代价最好由我一个人付出。"也许是食人鱼闻到了血的味道，便云集到我们的周围，此后，大家接二连三钓了20多条食人鱼，最大的一条有2.5千克。听米盖尔船长说，在亚马孙河打鱼的渔民，有的只有9个或8个脚趾，失去的脚趾多半是被打捞上船的食人鱼突然袭击，拼死咬掉的。米盖尔船长曾经亲眼看到食人鱼咬铁锹，一口下去，食人鱼的牙齿纷纷落下，而食人鱼还是不放过那把结实的铁锹。

被食人鱼咬了一口，心里还是有些顾虑。蚊虫叮咬、水土不服所导致的身体溃烂，能否承受新的伤口？我担心伤口难以愈合，甚至感染。我用嘴吸掉手上的残血，用创可贴裹住手指，故作镇静地与米盖尔等人凯旋。米盖尔看着我的手笑着说："回到船上我给你们烤鱼，你多吃几条，解解心头之恨。"我向他伸出大拇指，这个动作不知是感谢，还是无所畏惧。

▶▷ 树王

　　"卡西迪亚"号继续向西北方向行驶，天气越来越热，湿度也越来越大，我们的身体明显不适，溃疡面逐日扩大。

　　我睡了一会儿午觉，醒来时就把船舱的门推开了，躺在床上，一边看风景，一边读书。自从曹敏回国后，我一个人住一间，用陶宝祥的话来说，我享受着副部级的待遇。我还在读《古典

▶ 船员米尔干

▲ 远看树王

书学浅探》，我的心沉浸在中国古代，身体却处在人类文明的处女地，目睹原始的热带雨林，这种反差常带给我许多快乐。这时，米盖尔从我住的船舱经过，他厚实的身影遮住了流向船舱的光线，他站在门口，笑着向我问候，我立刻起身同他打招呼。米盖尔微笑着把我拉到船头，向前方指指点点。汪亚雄正在船头拍照，见我们聊天，就主动帮助我们翻译。米盖尔说，一会儿我们就可以看见一棵大树，真正的大树，是亚马孙的树王。米盖尔又说，他经常进入亚马孙的热带雨林，没有见过比这棵树还高的树，就连彼得·布雷克也没有见过比它还高的树。我的眼睛顿时一亮，问道，彼得·布雷克，那个新西兰的探险家吗？米盖尔点点头说，他访问过这棵树，在树冠上还见过一群猴子。

◀ 近看树王

我没有吭声，向前望着，似乎在寻找着那棵树王。

我突然感觉到离彼得·布雷克越来越近了，彼得·布雷克如同神话世界里的英雄，在我的亚马孙河之行的旅程中感动着我、鼓励着我，甚至成了我的偶像。我知道，我和彼得·布雷克走在同一条水路上，他的故事清晰可闻。

"卡西迪亚"号在一条似曾相识的河口停下来，米尔干——那个接替坎达的印第安小伙子把船拴在岸边的树干上，鲁道夫指挥大家换乘小船前往对岸的树林里考察树王。米盖尔站在大船的跳板上迎接我们，看见我，米盖尔指着对岸的树林说，树王就在那里。我抬眼看去，只见远处密如绿墙的树林里一个圆润的树冠鹤立鸡群般浮起，如果把树林比做海洋，凸起的树冠就如同一个小小的孤岛。我向米盖尔伸一下大拇指，表示感谢，然后坐下去，把手里的照相机指向对岸，连续拍了数张照片。米尔干和鲁道夫每人开一条船，快速地驶向对岸。米盖尔与我并排坐在一起，他神色庄重地看着对岸的树林，对我说，又似乎自言自语："彼得·布雷克也是走的这条路去对岸看大树的，那天，我陪着他，在林子里逗留了许久。"米盖尔戴着一副墨镜，沉浸在往昔的岁月里，脸上布满了惆怅。后来我知道，离开这里后，彼得·布雷克去了巴塞卢斯，他和米盖尔在那里分别，然后一路西去，准备穿过大西洋河口，与他的探险队分队在大西洋会合。不幸的是，在他即将成功的时候，他遭遇了河盗，在激烈的冲突中饮弹身亡，成为亚马孙探险史一个痛楚的悲剧。

"卡西迪亚"号渐渐靠近了堤岸，我注意到堤岸被河水常年冲刷，泥土裸露着，粗细不一的树根悬浮在河水里，盘根错节，如一团团的乱麻。从河边上到堤岸有点困难，小船就在一处相对低凹的树丛中停下，米尔干先爬上去，他又把我们一一拉到岸上。然后，我们在米盖尔的带领下，向树林里走去。树林里没有想象的茂密，树与树之间的距离较宽，也许是参天大树的树冠遮挡了阳光，使低矮的树木无法苗壮成长。最常见的是在林子里穿梭的飞禽，它们抖动着翅膀，有时如一发炮弹突然凌空飞起，向天空猛烈冲去。宛新荣说过，亚马孙生态圈鸟类繁多，有的凶猛，有的温顺，有的长寿，有的短命，构成了亚马孙生态系统的多样性，颇具科学研究价值。此次进入树林，我们是来考察树王的，对我来讲，似乎又多了一层含义，那就是对彼得·布雷克探险足迹的追寻，对一名遇难探险家的凭吊。

米盖尔走得并不快，一步一步地，像是在寻找什么。一些队员觉得奇怪，因为米盖尔在树林里一贯是大步流星，今天却一反常态，如同一位悠闲散步的老人，默默丈量着自己所剩不多的岁月。我示意他们不要说下去，他们不知道彼得·布雷克的故事，也不知道米盖尔与

▲ 探险队员手拉手围着大树未能成圈

彼得·布雷克的友谊，更不知道彼得·布雷克来
这里乘坐的船就是我们的"卡西迪亚"号。

　　这片树林里大树奇多，光线非常暗淡，越往
里走，越觉得湿冷阴森。从河上看那棵树王觉得
近在眼前，可是进入树林以后，反而产生了越走
越远的感觉。在米盖尔的引领下，我们最终还是
来到了它的面前，并被它的壮阔、高大深深折服。
树王就是树王，它高有 60 多米，直径有 3.5 米，
巨大的树冠面积有 1000 平方米。站在树下，人
显得非常渺小，抬头仰望树冠，除了一片碧绿什
么也看不见。我们环绕着树王，领略着它的风采，
靠近地面的树干有 3 块高有两米的大板根，从不
同的方向斜着插进土里，支撑着它庞大的树身。
这时候，我已经不觉得它是一棵大树，如此地奇

形怪状，如此地斑驳、沧桑，就像一块巨大的石头，只是它的上端长了枝叶。大树四周 10 米以内都是空地，道理我也明白，这是大树生长时耗尽了四周土地的营养，以至于剥夺了其他植物的生长权，使身边出现了一块难得的空地。科学家们开始进行研究，我与媒体的朋友们从不同角度进行拍摄，只是我们不管调到什么位置，也难以拍下它的全部。树王毕竟是树王。

临走时，有人提议，我们手拉手，看一看能否把大树围起来。大家觉得这个建议不错，随即站到树王前，手与手拉在了一起。我们让米盖尔站在中间，依次向左右散开，努力地围着大树。然而，十几个人在大树前仅仅弯成了一个小小的弧度，却无法转向侧面围成个圈，由此可见十几个人的手臂长度，无法为大树编织一个罗网。新华社记者汪亚雄用最远的焦距，从不同的角度拍下了我们在树王前既兴奋又无奈的画面，后来他这幅照片随着他的文章一同在《参考消息》上发表了。

4

牺牲的探险家与爱情的殉道者

探险家彼得·布雷克

　　"卡西迪亚"号又成了夜航船。为了赶时间，我们的船基本上不在夜间停泊，距离远，船的速度又慢，如果停一晚，我们的探险科考计划就会被打乱。科考队的人员忙着各自的事情，我在甲板上与聂品、邹程、张李彬玩了一会儿扑克牌就来到船头找米盖尔，吃晚饭的时候我们已经商定好了，晚上在他的工作结束后，他就给我讲彼得·布雷克的故事。

　　探险家的故事往往是惊心动魄的，何况听故事的地点是在亚马孙河上。

　　米盖尔与休又松说着什么，看到我，他点一下头，示意我坐到一把木椅上。他与休又松讲完话，转过身，坐在我的对面，向一边挥一下手，陈光伟神秘地出现了。米盖尔做事严谨，他想到了我与他的语言障碍，就把陈光伟请来当翻译。好在走南闯北的陈光伟对彼得·布雷克也颇感兴趣。就这样，我们3个人为了彼得·布雷克坐到了一起。

　　彼得·布雷克多次来过亚马孙，最后一次是在2001年11月。彼得·布雷克的船队从新西兰出发，穿过大西洋，直抵亚马孙河的大西洋河口。他计划进入亚马孙河，逆流行驶到马瑙斯休整，补充给养。然后到达巴塞卢斯，也就是我们要去的城市。米盖尔在大西洋河口迎接彼得·布雷克，他把"卡西迪亚"号开到这里，因为彼得·布雷克准备租用这条熟悉亚马孙河的船。两个人年龄接近，可以用英语熟练交谈，在河口城市马卡帕他们聊到深夜，产生了相见恨晚的感觉。从米盖尔的嘴里，彼得·布雷克对亚马孙河有了更多的了解。就这样，"卡西迪亚"号编入了彼得·布雷克的船队，米盖尔随着船队回到了马瑙斯。不久，船队继续西行，一周后，到达巴塞卢斯和另一个城市托马尔。在巴塞卢斯，彼得·布雷克举行了一个仪式，为此，他的妻子从新西兰来到了巴塞卢斯，恰巧到巴西访问的新西兰总理闻讯后也赶到这里为彼得·布雷克壮行，一时间，寂静的巴塞卢斯热闹起来。

在巴塞卢斯，彼得·布雷克做出了下一步的探险计划，他把船队拆开，他亲自率领一支，顺流直下，从河口进入大西洋。另一支继续逆流行进，穿过黑水河内格罗河后，进入委内瑞拉、哥伦比亚的河段，然后，从另一条水道进入大西洋。彼得·布雷克精彩的计划是，两支船队经过一个月的航行后，在宽阔的大西洋上汇合，最后完成他们在亚马孙河的探险任务。两支船队驶向不同的方向，米盖尔没有与船队同行，他坐飞机回到了马瑙斯，等待彼得·布雷克凯旋的好消息。

应该说彼得·布雷克是幸运的，难得的好天气，让他的船队一路

◀ 彼得·布雷克与米盖尔

顺风地航行。没有大风、暴雨，一切工作都是按计划进行，仅用了 25 天他的船队就抵达了离大西洋河口仅 200 千米的小城马卡帕。那一天，彼得·布雷克还给米盖尔打了电话，他说自己的船队提前了，为等待逆流航行的另一支船队，他计划在马卡帕休整几天。一直为彼得·布雷克担心的米盖尔这时候才放下了紧张的心。

第二天，正在家中休息的米盖尔被急促的电话声惊醒了，他接起来，没等寒暄，就如同被电流击中般腾地站起来。来自马卡帕的电话向他通报了一个坏消息——彼得·布雷克遇难了。米盖尔来不及细问，就匆匆收拾行囊，搭乘飞机，抵达离马卡帕不远的城市贝伦。这时候，新西兰驻巴西大使也来了，两个人见面后立即向马卡帕赶去，前去料理彼得·布雷克的后事。到达马卡帕，这里似乎什么也没有发生过，几条船依次停在岸边，米盖尔熟悉的"卡西迪亚"号的旗杆上依旧飘扬着新西兰的国旗，只是船上的人已经转移到了酒店，彼得·布雷克的遗体放到了医院的太平间，受伤的探险队员正在接受治疗，米盖尔这才隐隐闻到血腥的气味。一脸痛楚的米盖尔与大使先生看望了伤员、队员，又去医院看了看彼得·布雷克的遗体，才向警方询问事情的经过。

那是一个凉风习习的晚上，彼得·雷布克踌躇满志地喝着调好的甘蔗酒，一边与朋友们聊天，一边听着欧洲的古典音乐。高大威猛的彼得·布雷克酷爱音乐，他曾与米盖尔交流过欣赏音乐的体会，米盖尔连连摇头，甘拜下风。那一天，彼得·布雷克已经与另外的船队取得了联系，他们到达了哥伦比亚，开始向大西洋河口航行。也就是说，5 天以后，两支船队可以同时向大西洋进发，胜利在望，彼得·布雷克自然欣喜。但是，彼得·布雷克没有想到，一艘河盗船正向他靠拢，几个年轻体壮的河盗熟练地攀上了船体，他们悄悄地拔出手枪，渐渐向甲板围拢。此刻，彼得·布雷克正随着音乐哼唱着威尔第歌剧的片段，他努力地提高声音，以满足表演的需要。这时候，胆大妄为的河盗突然出现了，他们用枪口对准了彼得·布雷克和其他人，低声提出了财产要求。彼得·布雷克毕竟是久经考验的探险家，面对枪口，他非常沉着，并与河盗聊天，拖延着时间。当用枪指着自己的河盗稍一溜神，他迅速掏出手枪，对准面前的河盗开枪，子弹冒着青烟，撕开了对手的胳膊。彼得·布雷克继续射击，遗憾的是手枪卡壳了，他敏捷地滚到一边，钻进船舱，换了一个弹夹。让他必须付出代价的事情发生了，手枪继续卡壳，他对着河盗勇敢射击的样子非常悲壮，手在动，子弹却射不出来，河盗抓住了机会，向他开枪，仅仅一瞬间，彼得·布雷克就被疯狂的子弹撕裂了，那个高大威猛的身躯饮恨躺在了甲板上。河盗面对彼得·布雷克的反抗也十分惊慌，当彼得·布雷克被子弹击倒后，他们夺路而逃。几分钟过后，甲板上一片狼藉，当警察赶来后，人们才从恐慌中清醒过

▼ 彼得·布雷克与他的探险队员

来，看着一动不动的彼得·布雷克，才明白刚才甲板上发生了什么。

没过多久，血案被侦破，那几个曾在医院里疗治枪伤的亡命之徒被逮捕归案，绳之以法。他们作恶多端，罪有应得。可是，一个探险家的幻想之梦、超越之梦，就这样破碎了。彼得·布雷克死不瞑目。

在当地警察的配合下，米盖尔与新西兰驻巴西大使在短时间内处理了所遗留的事情——终止探险航行，委托其他航运公司把船开回去，将彼得·布雷克的遗体运回新西兰安葬。至此，一个探险家的神话在亚马孙河上终结了。

借着月光，我看见了米盖尔的泪光，他委婉地陈述，使自己再一次经历了失去朋友的痛苦。我们坐着，默默无语，是感受亚马孙河夜晚的宁静，是凭吊彼得·布雷克的亡灵。

后来，米盖尔把他与彼得·布雷克的合影拿给我看，那是一个下午，亚马孙河上的色调很柔和，我坐在船舱里，端详着两个人——他们相差4岁，那一年彼得·布雷克已有56岁，身体结实得如一块铁，脸颊泛着红晕，目光深邃，表情里洋溢着果敢、豪迈、坚韧的神情，与我的偶像斯文·赫定的神情非常接近。米盖尔似乎比现在显得年轻，脸上挂着船长们独有的干练、沧桑，他站在彼得·布雷克的身边，脑袋仅到彼得·布雷克的肩膀。他们是朋友，是亚马孙河使他们成为朋友。我们也是朋友，也是亚马孙河让我们成了朋友。为此，我感激眼前的这条大河，感激米盖尔告诉我他与彼得·布雷克的故事和彼得·布雷克自己的故事。

▶▷ 印第安人

　　"卡西迪亚"号扎进一条支流，船头高昂，把褐色的河水翻开，一排排白色的浪花此消彼长，如同一条流动的链条。

　　此次进入亚马孙，我们想深入了解一下印第安人，米盖尔就想尽办法找机会让我们与当地的印第安人接触，满足我们的考察需求。"卡西迪亚"号进入了赤道圈，正在一片水淹林里航行。米盖尔说有一位印第安老人住在这里，不远处还有一个印第安村落。米盖尔的话没有说完，大家就提出去拜访老人并去参观那个印第安村落的想法。印第安人是亚马孙流域的活化石，在他们顽强的生命历程里，我们可以深切地感受到神秘莫测，复杂多变。

▼ 印第安老人的家

　　"卡西迪亚"号在河渚边停下后，我们又换了小船，只是停船的地点离岸边很近，与其说是靠小船航行，不如说是把小船当成了跳板。堤岸边的水域密密匝匝长满了细长矮小的树林，小船卡在树与树中间，像一个受气的孩子。米盖尔准备了一些面包、水果，他说是带给印第安老人的。食品放在一个提篮里，鲁道夫挎着提篮，并踩着东倒西晃的小船与我们一同登岸了。

　　越过一个小山丘，沿着一条人为踏出的小道，我们就看见了一间木房子。米盖尔指着木房子说，印第安老人就住在那里。我仔细看着，印第安老人住的木房子很像东北农村储藏玉米的仓库。4根立柱呈正方形，在离地1米的地方平铺一些干燥的木板，四周再用木板围起。有意思的是顶棚只封了一半，另一半可以看见摇曳的树枝。门口放着一块木墩，踏在上面才能走进四面透风的木房子。我们看房子的时候，印第安老人也在看我们。他的头伸出窗口，表情古怪地看着我们。当他看见米盖尔的时候，脸上露出了天真的微笑，并向我们频频招手。我们绕到木房子的左侧，踩着木墩子，一一走进了木房子——印第安老人的家。从木房子的外观不难看出房子的简陋，进去后，更能觉出它的寒酸。房子的一角挂着一个吊床，床布肮脏不堪，里面放着一块发黑的毯子。吊床下，一条灰色的小狗温顺地趴着，看我们一眼，迅速站起来，摇摇尾巴。露天的部分，有一个锅灶，吊

▲ 不知道自己年龄的印第安老人

起来的铝锅里放着一些切开的红薯。印第安老人热情地对米盖尔说着什么，从他的表情可以看出，他对我们的到来非常高兴。对这个印第安人的家和印第安老人，我们表现出了极大的兴趣，通过米盖尔我们与他进行交流，老人也高兴地向我们介绍自己的身世和他所住的地方。有意思的是，老人不知道自己的年龄，他有两个小孩，都去外面工作了，至于在什么地方工作他也说不清楚。他的家本来在村子里，老了以后就到这个地方建了这处房子，独自一人生活。问他过去干过什么，老人说打鱼、种木薯。问他还干过什么，他说除了打鱼、种木薯就没干过什么了。我们就笑了起来。老人瘦高瘦高的，上身穿一件半袖的格子衬衫，下身穿一条黑色

▲ 树枝上悬挂着的是结巢鸟的鸟巢

的长裤，步履轻盈稳健，看样子，他比米盖尔大多了，但他的眼神却比米盖尔活跃。我仔细在印第安老人的家察看，除了一些极其简单的生活用品以外，什么也没有看到。也就是说，他吃着木薯和打捞上来的鱼维持自己的生活，无怨无悔。

米盖尔请他带我们去印第安村落，老人愉快地答应了。然后，我们又踩着小船，上了"卡西迪亚"号。在行驶的船上，队员们纷纷与印第安老人合影，对一位以后很难再见的老人，大家表现出了极大的热情。一些人向他赠送礼品，我也把一件队服送给了他，老人接过红色的 T 恤衫，高兴地与我握手，表示感谢。

　　"卡西迪亚"号向一条幽深的水道驶去，这片人烟稀少的水域是河豚的乐园，在我们的船慢慢行驶的过程中，常有河豚跃出水面，又迅速入水，在河面留下一个巨大的浪花。数条河豚翻来覆去地上上下下，景象十分壮观。印第安老人告诉我们，这里的河豚特别多，有时候一起从河里向上探头，样子可爱乖巧。

　　船绕过一个小绿洲，河豚的身影就消失了，河面恢复了平静。再经过一片水淹林，迎面是一处宽阔的水面，船头对着的就是一个平缓的堤岸，岸上的房子比较整齐，靠右的一排房子像一所学校，房子前立着一根旗杆，一面巴西国旗轻轻飘扬。"卡西迪亚"号向岸边靠去，临近岸边，我看见一棵长在水里的树，树干笔直，树枝繁茂，在树枝上悬挂着一个个灯笼似的圆形物体，风过后，"灯笼"轻轻摆动。我举起照相机，对准这棵树拍照，陈光伟走过来，用他的小录像机也对准了眼前的树，还对着录像机说道："这是一个印第安村落，这棵树

▼ 温馨的木屋

叫结巢树。”

结巢树，为什么叫结巢树？我立刻向陈光伟请教。陈光伟学养深厚，有诲人不倦的精神，他马上关掉手里的录像机，对我说，亚马孙有一种鸟叫结巢鸟，树上的小笼子就是它们编织的，是它们生儿育女的地方。那个鸟巢有精巧的结构，雨水淋不进去，其他动物也无法攻击，是结巢鸟牢固的堡垒。我点点头便再次看向结巢树。树与常见的苹果树一样高，树枝收敛，向上冲去。鸟巢有规律地挂在树枝上，特别像树的果实。我数了数，结巢树上共有 32 个鸟巢，偶尔可以看见小鸟的脑袋从小孔里伸出来，看一眼外面的世界，又马上缩回去。就在我近于贪婪地欣赏结巢树的时候，“卡西迪亚”号抵岸了，鲁道夫和米尔干正把一块跳板搭在船与岸间。

上岸后我们向左侧走去，那里有一户人家，与老人熟悉，他就把我们带过去了。这间木房子的结构与老人的房子没有太大的区别，只

▼ 印第安婴儿熟睡在红色吊床里

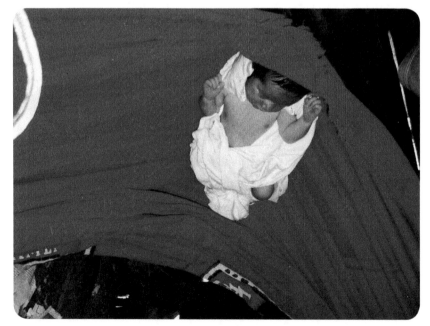

是工艺细腻、合理，能看出许多生活的气息。房门对着河，木制的楼梯从门口顺到地面。一位年龄有 50 多岁的印第安妇女站在门口向我们眺望。爬过一个小坡，我们就来到了印第安妇女的面前。米盖尔向她问候，又向她介绍了我们的情况，她大方地请我们到房间里作客。我和米盖尔、陶宝祥率先进去了，我有点惊讶地发现，一个 10 余米的小房间摆着一台电视，一侧的吊床上睡着一个婴儿，旁边一位年轻的印第安妇女正冲我们礼貌地微笑。我来到吊床边，看着熟睡的婴儿，心中涌起一股暖流。我的小孩也是这么大，此刻，他正与自己的母亲在成都等待我的回来。想起儿子，心中不免一阵惆怅。我对年轻的印第安妇女说，自己想抱一下孩子。印第安妇女立刻答应了，她抱起熟睡的孩子，双臂一伸，递给了我。我把小孩紧紧抱着，如同抱着自己的孩子。少顷，孩子醒了，哭起来，我把孩子还给她，并告诉她自己的孩子也是这么大。她笑起来，愉快地接过孩子。后来我知道，孩子还没有满月，房子四面透风，母女没有任何禁忌，对于她们所谓的满月就是一个平常的日子。我为印第安人顽强的生命活力惊讶、感叹。后来我们给小孩起了一个中国名字——新华。米盖尔高兴地说，因为这一天，孩子的一生有可能改变。

在门前，我们听满脸沟壑的妇女讲述着这个村落的故事。村子里有 20 几户人家，过去都可以讲印第安一种古老的语言，到了他们这一代，这种语言消失了，只会讲巴西国语葡萄牙语。浩瀚的亚马孙在滥砍滥伐中没有伤到元气，原始风貌基本得以保留。然而，人类毕竟走过了 20 世纪，在现代科技和经济发展的影响下，印第安人也出现了潜移默化的改变。首先是教育的普及，学校把一种新的语言和思维灌输给年轻的一代，同时，印第安人与生俱来的另一种文明被摧毁了。这是一种悖论，发展是提升人类生活质量的手段，发展也将消解一些传统，甚至是一些具有历史价值的传统。我能理解印第安妇女的感慨，我更能理解离她的家不远的那所学校。那是一所教会学校，是以天主教救赎精神为基础，旨在普及印第安人的现代教育，从而达到改变亚

◀ 印第安妇女拿着探险队赠送的中国结

马孙文明结构的目的。

　　快离开时，一群小学生从我们面前走过，我们把照相机对准他们拍照，他们也大方地向镜头摆手。宛新荣把随身携带的糖果分给他们，小学生们拿着糖果对着我们友好地微笑。这是新一代印第安人，上一辈的语言他们肯定觉得陌生，当他们在教会学校毕业之后，他们自然会反思自己，反思现状，甚至也会像米盖尔一样去国外学习，开拓印第安人的新生活。

　　离开印第安人的村落，已是傍晚。离开前，陶宝祥代表探险队向印第安妇女赠送了一些礼物，其中包括一个红色的中国结。印第安妇女对中国结表现出极大的兴趣，她举着中国结向我们致意，然后又挂在房间里。在绿色肆虐的亚马孙，这个红色的中国结显得十分耀眼。

▶▷ 我的身体开始溃烂

　　我和聂品、邹程、宛新荣在甲板上打牌。进入赤道后,前所未有的湿热把我们折磨得死去活来,再加上蚊虫叮咬,我们恨不得下地狱去寻找清静。

　　这时,陶宝祥一脸疲倦地来到甲板上,站在栏杆前唉声叹气。已是深夜,其他人都回船舱睡觉去了,陶宝祥看见我们,就凑过来,与我们聊天。在亚马孙的探险科考之旅上虽然没有遇到惊心动魄的险情,但是我们实实在在遭遇到了特殊气候的威慑,每一个人都在特殊的氛围里忍受着痛苦的煎熬。我们的身体已经开始溃烂,陶宝祥的身上一片片红色的湿疹,我常用碘酒帮他擦洗,仅仅起一点缓解的作用。看见陶宝祥狼狈不堪的样子,我就知道他又没有睡着,一定是蚊子把他的睡意赶跑了。宛新荣与陶宝祥住在同一个船舱,刚才他还狡黠地说,等蚊子在陶宝祥的身上吃饱了,他再回去睡觉,那样,他就轻松多了。显然,他的"阴谋"被陶宝祥识破了,陶宝祥看着我们打牌,问宛新荣什么时候回去睡觉,宛新荣说等您睡着以后我再去睡觉。因为有前一句话垫底,宛新荣的话音刚落,我们就哄堂大笑起来。陶宝祥莫名其妙地看着我们,不知道说什么是好。

　　我是东北人,最接受不了湿热的气候,进入湿度大的气候圈,用不了几天水土不服的症状就会表现出来。开始是浑身发痒,用手一挠,便起一片红疹。我的大腿、手臂已没有完好的地方,胸膛以上也开始发痒,红疹渐渐显露出来。知道发痒处不能挠,可是,在夜间处于睡眠状态时,就会不自觉地挠起来,越挠越痒,越痒越挠,挠得身体血迹斑斑,早晨起来一看,红疹面又扩大了,并开始溃烂。一天一天,一夜一夜,我们的日子无法平静。

　　邹程、张李彬也在劫难逃,邹程的大腿被红点状的湿疹几乎挤满了，大腿似乎粗了一圈。他常用自己的数码照相机拍摄身上的红疹，像拍到宝贝似的一张张传入笔记本电脑。张李彬比邹程惨多了，他的脖子上都是红疹，远远看去，还以为他在脖子上戴了一个红套子。一天吃早饭，张李彬郁郁寡欢地来到甲板上，我随意看一眼，不禁吃了一惊，他的眼皮上也长了红疹，甚至我在心里嘀咕，究竟是水土不服造成的，还是得了别的病。悄悄问米盖尔，他告诉我，疟疾、登革热不是这个症状时，我才替科考队最年轻的小伙子松了一口气。年龄稍大一点的陈光伟、陶宝祥也没有例外，尽管刚到亚马孙时，陶宝祥不无自豪地表示自己具有顽强的抵抗力，甚至蚊虫都要躲着他走，此刻，他不得不举起白旗，向恶劣的湿热气候投降了。身材魁梧的陈光伟性格开朗，喜欢写诗，也喜欢讲笑话，但面对如此残酷的环境，他也无可奈何。我和他住的船舱毗邻，常看见他用碘酒擦着伤口，然后，一个人在那里久久地观察。有时候夕阳橘色的光线在他的身上交叉，裸露在外的、涂着紫色碘酒的红疹像起伏的气泡明明灭灭，不知道背景的还以为他在搞行为艺术。汪亚雄在里约热内卢住过两年，他在海洋

▼ 作者脖子附近溃烂痕迹明显

性气候里如鱼得水，可是到了亚马孙，这位北京人也掉进了深渊，结实的身体布满了红疹，一到晚上他就站在船头，让习习凉风轻拂身体的伤痛。杨晨吃藿香正气丸引起了我的注意，他告诉我吃藿香正气丸可以缓解水土不服的症状，还可以解痒，于是我也找来吃，几天后，他不见好，我也不见好。特殊一些的人是聂品、李小玉、宛新荣、李贤，那些赖皮赖脸的红疹对他们似乎一筹莫展，轻轻点一下，就迅速离去了。我曾对聂品说，在亚马孙河我只能活半年，你却可以像印第安人一样永远活下去。聂品笑笑说，这种可能是有的。李贤也是一个奇人，当我们满身伤痛的时候，他的身体居然完好无损。他是山东人，在北方工作，他的"能力"从何而来，不得而知。

进入亚马孙又是数日，面对热带雨林已没有生命的感动，所见到的无际无涯的绿色树林在我的眼睛里就成了绿色的地狱。

一到晚上，为了分散精力，我们就在一起喝酒或者打牌，一打就是一个通宵。我对水土不服深有体会，常常说，等我们到了圣保罗就会好，那里干燥一些，湿热的症状会立刻减轻。我来过亚马孙，我的话被他们当成经验，于是，他们就盼着早一天赶到圣保罗。

▼ 与印第安人小朋友在一起

▶▷ 赤道里的城市

　　站在船头，看见了远处的巴塞卢斯，一个赤道里的城市，一个与探险家彼得·布雷克有关的城市。我吞咽了一下，心里有一点紧张。我似乎看见了彼得·布雷克正在那里举行出发仪式，以及他潇洒的身姿……

　　陶宝祥从船舱里拿出 GPS 卫星定位仪，测量着我们所处的位置——南纬 0.50 度。不用说，我们处在真正的赤道圈内。我又抬头看着天空，湛蓝的天空下云团翻滚紧促，薄厚不一的云团相

▼ 巴塞卢斯的码头

互拥挤，偶尔就会下雨，雨急却短促，令人莫名其妙。赤道无风，热气流直线上升，翻云覆雨，使赤道的天空别有一番韵致。

"卡西迪亚"号停在了巴塞卢斯的码头上，码头的基础设施较好，船头恰好可以与码头的边界并在一起，我们抬脚就能跨上堤岸，再顺着台阶上行，便踩在了巴塞卢斯的土地上。从码头就能看出巴塞卢斯的城市规模，这是一个小城市，没有科阿里大，是亚马孙河上游的战略要地。这里有军用机场，彼得·布雷克的遗体就是从这个机场运回新西兰的。这里没有公路通向外界，因此，在街道上很难看见汽车。据说巴塞卢斯也做过亚马孙州的首府，随着首府的迁移，巴塞卢斯也就丧失了发展的机遇。好在巴塞卢斯的人不看重这一点，并且还为自己牧场般的故乡而自豪。

我们来到巴塞卢斯的第一件事，就是去参观位于码头旁的渔业研究所，它是马瑙斯大学所属的一个研究机构，与我们同行的詹姆斯曾

▼ 巴塞卢斯渔业研究所

在这里工作。鱼是亚马孙流域的主要经济收入来源，有食用鱼，也有观赏鱼，巴塞卢斯的观赏鱼比较出名，在南美洲市场非常抢手。在我们即将去研究所参观的路程中，我们就在码头旁看到一艘运输观赏鱼的船，一箱箱的观赏鱼像蜂巢一样摆在船舱里，一条条色彩斑斓、形状别致的观赏鱼在水里游弋，它们乘坐轮船，漂洋过海，将给人们带去独特的审美享受。同时，这些观赏鱼又会成为巴塞卢斯的财政支撑和经济增长点。看着即将远行的观赏鱼，詹姆斯对我们说，明天他就带我们去捕捞观赏鱼，看看亚马孙的自然环境是如何造就出来美人儿一样的观赏鱼的。

巴塞卢斯渔业研究所的规模不大，它的研究方向也与观赏鱼有关，标本室四周所陈列的都是花花绿绿的鱼，有的小如蚊虫，有的大如蟒蛇，动作也不一样，有的左右摇摆，有的直线前行，颇有观赏价值。令我印象最深的是一种叫树叶鱼的鱼，它漂在水中静止不动，形状、颜色真的像一片枯干的落叶。中间的水池有一条电鳗，黑色的身体，油光铮亮，反射着刺眼的光，不停地游动，特像在铁笼里走来走去的狼。电鳗——能发电的鱼，也是亚马孙独有的物种，它发出来的电足以把人击倒。电鳗有一双高粱米粒一样大的眼睛，圆圆的，富有光泽，那种不易察觉的光泽不满足地穿过水面，似乎要到水外亮相。水池外摆放着鳄鱼、巨龟、猴子、食蚁兽的完整骨架。我不是科学家，面对这里的一切，只有浅层的观感。聂品、宛新荣、陈光伟就不同了，对活着的生物，连胡子有几根都要穷追不舍，那种执着、细致，令我大开眼界。

回到船上吃晚饭时，太阳已经西沉。不过，赤道里的黄昏不会过早暗淡的，在甲板上放眼望去，河面辽阔，一群鹰贴着河面飞行，宽大的翅膀在柔和的光影里凸显出雕塑般的质感。远处的树林布满黛色的光晕，与青灰的天光相交织，构成一幅色差强烈、背景深邃的图画，这样的图画任何画家都难以想象。到巴塞卢斯，意味着我们的探险已经进入尾声，在亚马孙河颠簸的日子也快结束了。因此，我们不再顾虑溃烂不堪的身体，在巴塞卢斯开怀畅饮起来。可是，我的心总有一件事放不下，每一次与队友们碰杯都是心事重重。我担心扫了他们的雅兴，就独自一人来到船头，眺望着黄昏中的巴塞卢斯。与码头平行的街道有一排路灯，此刻已经开起。昏黄的灯光带来一种温情，会让人心头荡起一股诗情，但我知道，这一切不是我的兴趣所在，巴塞卢斯带给我的兴奋源于一种悲情，这种悲情与彼得·布雷克有关，与亚马孙的探险史有关。

我鬼使神差般跨过"卡西迪亚"号的栏杆，沿着一级级台阶再一次来到巴塞卢斯的街道，顺着河水流去的方向慢慢走着。路过的第一栋建筑就是河边的教堂，依然是草绿色的，它在微弱的光影里默默呈现着特殊的威严。彼得·布雷克一定来过这里，说不定他就是在这里举行探险队出发仪式的，也是从这里登船远行的。继续朝西走，途径一所教会学校，没有围墙的操场上一群学生正在如火如荼地挣抢着一个足球。他们认识彼得·布雷克吗？他们知道彼得·布雷克离开巴塞卢斯后就一去不返了吗？在教会学校前伫立，我脑袋里出现了彼

▼ 巴塞卢斯宛如梦境般的夜景

▶ 巴塞卢斯教堂

得·布雷克与河盗火拼的情景，心情变得沉重。前面就是河岸了，那里有一家露天酒吧，我迈着迟缓的脚步走过去，要了一罐啤酒，面河而坐，感受着亚马孙河的微风，感受着巴塞卢斯的夜晚。据说河盗有一个不成文的规矩，只要给钱，不反抗，他们就不杀人，但是彼得·布雷克把这个不成文的规矩看得一文不值，他不怕付钱，只是作为探险家的自己忍受不了这样的凌辱，他试图以武力让河盗屈服，表现探险家的英雄气概，书写亚马孙探险史精彩的一章。然而，在他即将取得胜利的时候，天不保佑，手枪卡壳，使河盗抓住了机会，把他击倒，中止了一个伟大探险家的梦想。想到这里，我把手中的啤酒洒在地下，以慰彼得·布雷克的英魂。

▶▷ 河里河外

　　詹姆斯要带我们去捕捞观赏鱼并采集水样。詹姆斯说，这样的地方必须离岸很远，甚至是无人去过的地方。对于这样的地方，也是我一直神往的。

　　驾驶两艘小船，米盖尔与米尔干执掌发动机，我们向一片密集的水淹林扎去。詹姆斯与我同船，他坐在船头，为我们寻找地点。开始时一路畅通，小船翘着船头勇往直前，显示着独有的潇洒。可是好景不长，进入水淹林以后，就有寸步难行之感。米尔干用砍刀开路，他把一根根交叉的藤蔓砍断，然后回到发动机旁轻轻加油。没走过 10 米，又有一根直径为 5 厘米的藤蔓挡住了我们的道路。藤蔓从 10 米

▼ 河里考察

▲ 爬到树上的米尔干

高的大树上垂下，又紧紧缠住另一棵树。米尔干拿起砍刀欲砍，李小玉以玩笑的口吻让米尔干顺着这条藤蔓爬上去，没有想到，米尔干放下砍刀，身体轻盈地飞向藤蔓，手脚并用，一瞬间就爬到了树顶，从上面朝我们挥手。我们惊呆了，愣头愣脑地看了一会儿，才醒悟过来，马上举起照相机拍照。几分钟过去，我们判断米尔干会顺着藤蔓下来，又让我们始料不及的是，米尔干的手一松，身体就掉进水里，少顷，脑袋浮出水面，冲我们顽皮地笑着，然后一个鲤鱼翻身，跳上了船，一身湿漉漉地把船开到了一条原始的河道。

　　两艘小船一前一后向前行驶，詹姆斯在船头比比画画指点着，为米尔干指着道路。突然，一阵"呜呜"的声音响起，如同一面坍塌的墙渐渐向我们压过来。我们都听到了这种声音，相互看着，用异样的目光交流着彼此的诧异。宛新荣帮我们解开了疑团，他说这是猴群的叫声，我们所在的地点就是它们的领地，它们正以自己的方式向我们抗议。我曾经听到过猴群的抗议，但是，这一次的声音却有一点反常，声音沉闷，逐渐提高、放大，像天边的滚雷，一层层袭来。宛新荣说，这个猴群估计有数百只猴子，它们长期在这里生活，恐怕是第一次见到人，不然，它们不会如此恐慌。

▼ 巴西科学家詹姆斯与中国科学家考察亚马孙河鱼类资源

我们穿过这片宽阔的水面，猴子的吼声渐渐消失了。小船转了一个45度的弯，驶向一片稀散的水淹林，没过多久，就来到了一个小小的河渚边，停下后发动机随即熄灭。詹姆斯拿起一个特制的渔网，穿上防水的长衣，轻轻下水了。他用渔网在水里兜了几个圈子，抬起来，我们就看见了一些不大的观赏鱼在渔网上跳跃。聂品也跳下去了，这位研究鱼类的科学家似乎天生就会捞鱼，他用詹姆斯的渔网顺着河岸兜去，提起来，网中就有了10多条蹦跳的小鱼。詹姆斯说，巴塞卢斯出口的观赏鱼基本上是这样打捞上来的，成本比较低，在市场上特别有竞争力。我站在船上，看着他们把打捞上来的鱼放进一个大盆里，然后，又去河岸上观察什么去了。环境改变一切，环境也造就一切，正是亚马孙得天独厚的条件，才有独特的生态资源和如此众多的鱼类资源。我们的科学家对这里表现出浓厚的兴趣，他们不仅采集了众多的鱼类标本，还采集了水样，供未来的研究所用。

按原路我们回到"卡西迪亚"号上，洗了澡，休息一会儿，就去甲板上找水喝。大家都在甲板上聊天，谈论着刚刚过去的事情，气氛十分轻松。米盖尔也在其中，当大家开始沉默时，他给我们讲了一个故事。一个葡萄牙人到亚马孙河钓鱼，他请印第安人库里斯陪伴他。葡萄牙人想钓大鱼，库里斯就把他领到巴塞卢斯附近的河湾。葡萄牙人拿着他从国外带来的鱼竿，那是一根精美的鱼竿，库里斯没有见过。于是，库里斯就想用葡萄牙人的鱼竿钓鱼，葡萄牙人就把鱼竿交给了库里斯。可是，库里斯用惯了自己制作的鱼竿，用葡萄牙人的鱼竿十分别扭，一不小心就把鱼竿弄断了。葡萄牙人让他赔，库里斯问鱼竿值多少钱，他说值1000黑奥，库里斯瞪大了眼睛，频频摇头，不相信鱼竿值这么多的钱，他说，1000黑奥可以买一个发动机。葡萄牙人笑了，对库里斯说不会让你赔的，只是与你开个玩笑。库里斯更觉得鱼竿不会比发动机贵。葡萄牙人是米盖尔的朋友，他就把这件事告诉了他。米盖尔点点头，对库里斯说，如果你能跟我去马瑙斯，我就送一个发动机给你。库里斯听了非常高兴，他说回家后与妻子打一个招

▲ 观赏鱼食用的水草

呼，就跟米盖尔去马瑙斯。有意思的是，库里斯回来后就改变了主意，他说妻子不同意去，同时又转述了妻子的意思，如果米盖尔想送一个发动机给我们，为什么非让我们去马瑙斯，难道你们就不能从马瑙斯送来吗？这番话让米盖尔和他的葡萄牙朋友开怀大笑。第二年的春天，米盖尔再度来到库里斯所住的村子，到库里斯的家造访，库里斯问米盖尔是否把发动机带来了，米盖尔笑着摇摇头。库里斯的妻子轻蔑地笑起来，当着米盖尔的面就说，我没说错吧，他们是在骗我们。米盖尔又哈哈大笑起来。其实，他答应送给库里斯的发动机已经带来了。当米盖尔让船员把发动机抬到库里斯的家时，库里斯和他的妻子都不好意思地耸耸肩，脸上露出了愧疚的表情。

米盖尔讲完这个故事，大家轻松地笑起来，为库里斯的憨态，为米盖尔的幽默。当我们平静下来后，米盖尔又说，我们的船马上要经过库里斯所住的印第安村落，如果大家有兴趣，就派人把他接到船上，与大家见见面。刚听完的故事，又能马上见到故事里的主角，对我来讲无疑是一个美好的经历。我首先赞成米盖尔的提议。

"卡西迪亚"号向前行驶了20分钟，便在离岸不远的水域抛了锚，米盖尔和我们一同看着鲁道夫跨进小船，又熟练地发动发动机，然后驶向河岸。河岸被树林淹没了，看不见房子，从河里上岸，只能选择树木稀少的地方。鲁道夫把小船靠到岸边，用绳子迅速系在一棵枯树上，身体敏捷地一跃，就踩在了堤岸上。如同变戏法般，十几分钟以后，他就领出 6 个人，1 个男人和 5 个女孩，嘻嘻哈哈地出现在我们的视野里。男的一定是库里斯，5 个女孩恐怕都是库里斯的女儿。鲁道夫把他们带到"卡西迪亚"号上，与我们见面。显然，库里斯对米盖尔充满了感激之情，他把 5 个如花似玉的女儿一一介绍给米盖尔，又向米盖尔不断地说着什么。米盖尔一一吻着 5 个小姑娘，又让尤久拿来食品分给她们。大一点的孩子去别处玩了，库里斯把两个小女儿揽在怀里，对我们说笑着。我把两个小姑娘拉过来，亲热地抚摸着她们金黄

▼ 陈光伟采集水样

的头发，对她们的美丽啧啧称奇。令我不解的是，印第安人本来是黑发，可是库里斯的女儿们都是一头金发，本以为库里斯的妻子是白种人，问米盖尔，他说库里斯的妻子也是印第安人。那么，库里斯小孩头发为什么与父母的头发不一样，看来只能用返祖现象来解释这一切了。库里斯仅 35 岁，看起来像 40 多岁的人，赤道阳光的直晒，繁重的劳动，一天天消磨着他，不憔悴、不衰老就怪了。问库里斯靠什么生活，尤其是靠什么养育 5 个漂亮的女儿，库里斯回答，靠打鱼、种木薯。似乎印第安人只会打鱼、种木薯，我问过若干个印第安人，他们都是这样回答的。同米盖尔交流，才知道印第安人的农业水平非常落后，再加上土地贫瘠，就更没有兴趣研究种植技术了。好在印第安人的期望值不大，有睡觉和吃饭的地方就满足了，根本不去想更多的问题。听说印第安人常说的一句话就是——除了睡觉和吃饭，我们也不知道世界上还有什么乐趣。是不是印第安人说的，我已无从考证，但是，它是印第安人一种观念的体现。

与库里斯见面，不能不提那个发动机。我问他，米盖尔送给你的发动机还能用吗？他腼腆地看了看米盖尔说，不仅能用，它还改变了我们一家的生活。停了停，他又说，在他们的村子里，他是第一个有发动机的人。他没有说错，在半文明的印第安村落，发动机就意味着速度和先进，拥有发动机的人，自然是最有可能脱贫致富的人。因为我们急着赶路，就没有与库里斯过多地交流，自然也谢绝了去他家作客的邀请。临走时，细心的米盖尔让鲁道夫送给他一桶柴油，他说，这种东西对他们一家最重要。

岩画、艾朗岛、日本人

米盖尔说，过一会儿我们要经过一片岩石，岩石上还有几幅岩画，在亚马孙我们很难看到岩石，更何况是有岩画的岩石。

亚马孙河没有产生改变世界进程的文明，它的价值在于原始状态下多样性的生物资源。听说能看到岩画，我们都兴奋起来了。"卡西迪亚"号向河中的孤岛靠去，远远地就看见孤岛旁的岩石。岩石不算高大，但都十分圆润，显然是河水冲刷的结果。它们横七竖八地躺倒在河边，使孤岛显得硬朗。船在一块岩石旁停下，我们先后上岸，沿着石头搭成的台阶，攀上了一块高有 3 米、宽有 2 米的岩石上。我们想看的岩画就刻在上面。随着米盖尔的指引，我们看到两幅岩画，其中一幅刻着一条鱼，另一幅刻的是弓箭。由于常年的雨水冲刷，岩画

▼ 像龟一样的石头

已经模糊，依稀可见鱼和弓箭的图案。尽管如此简单，我们还是非常认真地考察，并推断岩画的作者，所刻的年代。从岩画的粗陋线条不难看出，作者不具有绘画基础，刻者有可能是靠狩猎为生的印第安人。也许是在一次狩猎中获取了丰硕的成果，高兴之余照葫芦画瓢，把打捞的鱼和使用的弓箭刻在了岩石上。从岩石的风化程度来看，这两幅岩画不会超过 300 年。

离开有岩画的孤岛，我们又前往一个比孤岛大许多的岛屿，它叫艾朗岛，过去是艾朗市的所在地，有过繁荣的历史。离开巴塞卢斯，这就意味着我们对亚马孙的探险要结束了，与我们结下深厚友谊的米盖尔当然知道我们来一趟不易，就在计划外安排一些参观活动。他要领我们去的艾朗岛，那是艾朗市的一个废墟，同时，他也要领我们去新艾朗市，了解一下亚马孙流域的城市迁徙史。

艾朗岛位于亚马孙河的一个支流，艾朗市的迁徙恐怕与城市不处于亚马孙河的主要交通干道有关。亚马孙河流域，水上交通是人员往

▼ 艾朗岛散落的房屋

▲ 曾经的市政厅已变成废墟

来、商品交易的重要通道，甚至是唯一的通道。亚马孙河的支流常常受到季节的影响，时常干涸，这势必影响支流城市的贸易和生存，因此，一些早年为开采橡胶、木材而建在支流的城市纷纷迁徙到亚马孙河主流的沿岸，新艾朗市就是其中之一。但是，即使一个城市的主体迁走了，但并不影响一些人对旧城的依恋，艾朗岛至今仍有 200 多人在此生活。"卡西迪亚"号在向艾朗岛码头靠近时，我们看见 10 多个赤身裸体的小孩在水里游泳。他们黝黑的皮肤反射着下午温暖的阳光，有的孩子看到我们，就爬到树上，抖动着身体，跳进河里。当小脑袋从水里钻出来，就冲我们嘻嘻哈哈地笑着，天真而友好。我站在船头看着这些孩子，想象着昔日的艾朗岛，感受着孩子们纯朴而简单的生活，就有一种美好的感觉。上了岸，我发现岛上有一处残垣断壁，上面长着豆科植物，一棵树居然是从断墙的中间直冲出来。米盖尔说这里曾是艾朗市的市政厅，他年轻的时候到过这里，随着城市的迁徙，这里就被废弃了。这里还能依稀见到房子的地基，上面长着的瘦弱的杂草，占地近 1300 平方米，由此可见当年艾朗市的规模。城市是经济发展的直接体现，当亚马孙的橡胶业萎缩后，艾朗市也就失去了应有的活力，再加上交通闭塞，艾朗市就衰败了，为了生存，只好迁徙到别处。此刻，艾朗岛已不见城市的特点，曾经有过的街道再次被树丛淹没，一棵棵给艾朗市带来巨大财富的橡胶树依旧茁壮成长，但它失去了昨天的经济功能，又成了艾朗岛上的自然风景。废弃的建筑遗址到处可见，诉说着艾朗市的过往经历。除此之外，把艾朗岛看成一个荒岛是无人惊诧的。

毕竟还有 200 多人生活在这里，不用问，这些人肯定也是靠打鱼、种木薯为生。岛上没有大面积的农作物，这就说明艾朗岛的农业依旧处在初级阶段。我们环岛参观，在一片橡胶林里看见一间木房子。米盖尔不无幽默地说，房子的主人大家会感兴趣，他有美洲豹一样的探险价值。我们不解地看着米盖尔，这位 60 多岁的老人狡黠

▼ 艾朗岛上的儿童

地一笑，又说，这个人是你们的邻居，他来自日本，已在艾朗岛生活了 40 年。都是亚洲人，在情感和文化上自然近一些，我来了兴趣，忙问："米盖尔先生，那个人为什么到这里生活？"米盖尔沉默一会儿，说："为了爱情。"我们顿时兴致大增，急切地想了解艾朗岛曾经发生的这段爱情故事。

房子的主人就在房间里，见到一群中国人，他也感到亲切，快步迎出来。他不停地问我们为什么到巴西，又为什么到艾朗岛。然后，又把我们领进他的家。屋内墙上挂着几幅水彩画，构图混乱，技巧拙劣，一看就知道是作者的消遣之作。屋内没有一件说得过去的家具，在靠墙的地方摆着一张木板，上面放着一件毯子，显然，这就是主人睡觉的地方。与印第安人家的陈设不同，这

▼ 艾朗岛上的教堂

▲ 留在荒岛陪伴已故爱人的日本人森泽

里没有悬挂吊床。主人叫森泽，家住日本的取手市，今年62岁，比米盖尔小两岁。1963年的春天，他在秘鲁首都利马认识了巴西姑娘桑丽雅，两人一见如故，很快坠入爱河。南美洲的日本移民有200多万，森泽打算到巴西定居，以便与桑丽雅组成家庭。遗憾的是，家住马瑙斯的桑丽雅在与父亲商议婚事的时候，遭到父亲的严厉反对，那个印第安人不喜欢日本人，他希望女儿必须嫁给巴西人，不管是什么人都行。倔强的桑丽雅坚持自己的立场，甚至想与森泽私奔。桑丽雅的父亲没有妥协，他向桑丽雅摊牌，如果桑丽雅嫁给森泽，他就跳进亚马孙河。喝亚马孙河水长大的桑丽雅自小就性格刚烈，见父亲如此绝情，索性离家出走了。可惜的是她没有去日本找森泽，却来到了艾朗市。她站在河边，给远在日本取手市的森泽写了一封信，然后就带着一生的遗憾跳进了亚马孙河的支流。当森泽知道桑丽雅的自杀消息后悲痛欲绝，马上赶到巴西，又转了几次路才来到艾朗市。他在艾朗市待了一个月，也没有找到桑丽雅的遗体，他面对河水痛不欲生。他清醒过来后，打算留在艾朗市陪伴自己心爱的桑丽雅，他相信今生今世还会与桑丽雅重逢。从此以后，森泽再也没有离开过艾朗市，当城市迁走以后，他谢绝一切搬迁的请求，依旧留在荒废的艾朗岛，陪伴着死去的桑丽雅，一生未娶。

森泽与桑丽雅的故事让我流泪了，一个具有古典情怀的爱情故事在当今世界似乎有一点陈腐，但是故事本身蕴涵着的悲剧精神足以令每一个浮躁的现代人深思，至少它让我想到了许多。

回到现实，我看见的是一个青春不在的森泽，他高挑的身材十分笔挺，表情平和，脸颊流淌着刚毅的线条；穿着一件白色的衬衫和一条蓝色的长裤，站在他家的门前，浑身上下显现出一种隐士的气质。我看着森泽，突然被这种隐士的气质征服了，与此同时，我也理解了森泽为爱情所做的牺牲。

与森泽交谈后了解到他在艾朗岛的生活状况。他说他已经与当地印第安人融为一体了，自己的生活一直得到他们的关照，他认为自己是幸福的。与森泽告别，我们送给他一些钱物，并希望他去中国旅行。他愉快地接受了我们的钱物，但又直率地说他的一生将终了与此，哪儿也不会去了。我看着他，他也看着我，我想说什么，又说不出来，心里涌起一阵阵酸楚。

亚乌自然公园

　　巴西有许多国家自然公园，亚乌是比较有名的一个。国家自然公园，是一个国家为保护环境所实施的政策性举措，看一看巴西的自然公园，也许对我们会有启示。

　　不过，当我们进入亚乌自然公园，就感到巴西人再好的经验也不适合中国，甚至在中国已找不出像亚乌自然公园这般广阔的自然保护区了。10万平方千米，听一听这个数字，我们就被震住了。

　　进入10万平方千米的亚乌自然公园，我和陈光伟、陶宝祥开始讨论10万平方千米究竟有多大，陶宝祥思忖片刻就对我说："亚乌的面积与浙江省一样大。"我点点头，在心里也就掂出了亚乌自然公园的分量。在米盖尔的带领下，我们的两条小船有选择地驶向亚乌自然公园的一条水道。半天的时间，除非是开飞机才能走马观花地把一个10万平方千米的地方看完，而我们所开的是时速不超过30千米的小船，想都看完是不可能的。沿着河道行驶，看不见一条船、一个人，看来这里是人迹罕至的。越往里去，越觉得阴森、荒凉，所经过的一段河面全部被紫色的浮萍遮住，小船穿过，如同一把利剑硬挑出一条路来。河两边是树，树是长在水里的，枯死的树干有的立在水中，有的已经躺下，成了飞禽的栖息

地。细碎、枯干的树枝在水面上漂着，各种各样的蜻蜓在翘起的树枝上停落。也许水深浪急，为了争夺阳光，树冠相互竞争，树长得细高、笔挺。树叶暗绿，树干灰黑，色泽凝重、深沉。阳光斜射下来，顺着树冠，不规则地洒落在河面，使眼前的景致更加冷清、凄迷。小船在这样的环境里向前飞驰，发动机声常把一些鸟惊醒，它们恐慌地振翅高飞，渐渐消失在远方。没有人说话，只听见小船切水的哗哗声。

小船足足开了 1 小时，仍无尽处，只好原路返回。途经一条细长的支流，米盖尔把发动机轻轻一带，小船又向支流驶去。这条支流不算长，但它仍然具有时间的质感，朴实而温润。我喜欢这种感觉，为

▼ 亚乌国家自然公园

此，我不停地转动镜头的角度，贪婪地拍摄岸边鲜见的景致。眼前原生态的景致令我的心和灵魂一同震颤。

小船很快穿过了狭窄的支流，当船头一调进入了亚马孙河的另一条宽阔的支流，眼前顿时豁然开朗，浪花翻滚的河面带给我们十分新奇的感受。以往所经过的河面都是平静的，如同一个城府极深的僧人，常常在沉默间表现出自己的非凡。可是当下我们面对的河流不是这样的，其奔腾咆哮、永不疲倦的样子，有点像一个浮躁的少年。河床布满了鹅卵石，水浅，大一点的鹅卵石露出水面，像一个小山包。由于河面宽阔，河岸的树就显得低矮，松松散散的，有一种简约的美。顺流而下，小船进入一片更加宽阔的河面，河水至此又分出一条支流，

▼ 亚乌国家自然公园

▲ 亚乌国家自然公园

向右边流去。河床仅两米宽，两岸的树比较密集，有的树冠已在河面上连在了一起。河水分叉的地方有一块平地，长着两棵如盆景一样的树，树枝弯曲，造型别致，好像是按照人的设计生长的。我们都被眼前仙境一样的风景陶醉了，一致要求米盖尔停船，以便我们登岸欣赏。

河床很浅，河水向岸边漫去，岸边到处是鹅卵石，河水从石头上滚去，发出有节奏的叮咚声。我们踩着高出水面的鹅卵石蹦跳着来到河水分叉的地方，细致地看着这两棵动人的树。树叶宽大，但不多，零星点缀在树枝上。花朵比叶片还大，殷红色的花在树枝上绽开，花瓣像蝴蝶的羽翼，在微微颤动着。站在树前，放眼望去，是一片错落有致的水淹林，河水绕着树林行走，在数百米的地方又突然甩了一个弯，然后消失在树丛之中。

在这里我们逗留了40多分钟，然后又上船了，按原路返回。途经一个凸起的小小堤坝，米尔干手扶发动机，一路颠簸着顺利通过，停在一个平静的回水湾，等待着米盖尔驾驶的小船。我坐在米盖尔的船上，米盖尔逆水行舟，小船一上堤坝，船体就颤抖起来，发动机的螺旋桨触到了地面，小船原地转了一个 180 度的弯，发动机熄火了，河水溅了我们一身。河水推着船体向下滑去，我们担心翻船，挺直身体，保持最大的平衡。小船从堤坝上滑下来，米盖尔迅速发动了发动

▼ 两棵盆景一样的树

机，将小船调整过来，慢慢驶向回水湾，与米尔干的小船会合。小船停稳后，我的身体冒出了冷汗，我想同船的人应该都和我一样。但是，我们都尽量保持平静，担心让米盖尔难为情。米盖尔检查一下船体，发现船底被石头划开一道细口，河水向船里涌来。他找来一块布，放在细口上，让我们踩着，以免有更多的河水涌进船舱。

两艘小船驶离回水湾，向"卡西迪亚"号停泊的地方驶去。当小船重新返回狭窄的支流时，在一片树丛中有几个欧洲人在游泳，我向他们打了个招呼，他们也礼貌地向我们挥手。其中的一位女士用英语问我们是不是日本人时，我们摇着手，大声告诉她我们来自中国。那位女士立刻向我们道歉，并向我们伸出大拇指，嘴里不断重复着"中国、中国"。

新艾朗市

　　离开亚乌国家自然公园，"卡西迪亚"号向新艾朗市驶去。一路上风平浪静，大家的心情十分舒畅。休又松又弹起了吉他，我听惯了休又松弹奏的吉他曲，对他演奏的乐曲也就有了了解。看来休又松对音乐的热爱仅停留在业余水平，他总是不厌其烦地弹奏同一支旋律简单的曲子，或者根据自己的情绪弹一些即兴之作。好在我们对音乐没有更高的要求，一路上能有这样的音乐陪伴，对于我们来说就足够了。

　　米盖尔为我们调制了甘蔗酒，我看着两岸静穆的风景，喝着甜中带苦的甘蔗酒，情绪变得高昂起来。米盖尔站在甲板上又讲起了印第安人的故事。两个年轻的印第安人准备去森林里采果子，一个人主张带一顶帐篷，另一个人主张带一瓶酒，两个人争执不下，就自作主张，想带帐篷的人带帐篷，想带酒的人带酒，他们便一同走进了森林。晚上，带帐篷的人把帐篷支起来，钻进去，躺在里面，高声说道："这里没有蚊子，简直就是天堂。"带酒的人正在一棵树下喝酒，听到帐篷里的声音，也大声说起来："晚上喝酒，太开心了，大树下比天堂还舒服。"不一会儿，帐篷里和大树下都响起了鼾声，两个印第安人在自己的"天堂"里幸福地睡着了。

　　听完米盖尔的话，大家没有像往常一样笑起来，也许是因为这个故事的哲理大于幽默与诙谐，需要我们静静体会。米盖尔喝了一口甘蔗酒，继续对我们说："相信亚马孙对你们每一个人来说都是天堂。"沉默片刻，我们轻轻鼓掌，表示对米盖尔的理解。

　　谈话间，"卡西迪亚"号渐渐靠近了新艾朗市的码头，我们都站了起来，靠在栏杆上向码头眺望。艾朗市从艾朗岛搬到这里已有40多年了，40年的时光使新艾朗市具有了一定的规模，并成为亚马孙河沿岸的重要城市。新艾朗市的码头宽大，基础设施较好，有10余

艘船只停泊在这里。码头一侧有一片沙滩，许多
孩子、年轻的男女躺在沙滩上晒太阳，另外一些
人正在河里游泳。"卡西迪亚"号在离码头有 30
余米的地方抛锚了，看到可以游泳的河面我心痒
了，换上衣服便一头扎进河里。我喜欢水，对于
水我有一种别样的情怀，不管有天大的烦恼，一
旦与水亲近，一切都会释然。在河里游着，时常
又去沙滩上晒一下，感觉极佳。这时，有人在船
上喊我的名字，我匆匆下水，向"卡西迪亚"号
游去，临近时，我踩着水向船上看去。宛新荣频
频摆手，示意我立刻上船。原来新艾朗市市长要
来船上看望大家。

　　我换了衣服，与队员们站在甲板上，不一会

▼ 新艾朗市市长路易斯·卡路斯

儿，新艾朗市市长路易斯·卡路斯就在米盖尔的陪同下来到我们的面前。在我们的掌声中，路易斯·卡路斯简单介绍了新艾朗市的自然状况，并欢迎我们从遥远的中国来到巴西，来到新艾朗市。路易斯·卡路斯是靠竞选当上市长的，他口才极好，面对我们，这位 50 多岁的市长滔滔不绝地说了许多，印象最深的几句话就是"我们非常重视生态环境，自己当选市长后，就极力宣传人与动物的和谐关系，号召市民不要伤害动物，不要破坏环境。过去，在新艾朗市几乎见不到河豚、海牛，自己的第一个任期结束后，河豚、海牛就回到新艾朗市了。"同时，他又告诉我们，新艾朗市在亚马孙州 61 个城市里生态系统保护得最好。新艾朗市的面积为 3.7 万平方千米，包括 400 多个岛屿，80% 的土地处于生态保护状态。人口有 1.3 万人，白种人占 26%，其余都是印第安人。

跟随路易斯·卡路斯，我们来到了新艾朗市的市长官邸——一个树影婆娑的大院子，建有 4 间平房。靠里的一间是市长一家的卧室，右边是客房，左边是会议室，路易斯·卡路斯指着会议室对我们说，他在这个地方待的时间恐怕是最多的。我趁机问他："在巴西当市长，面对最多的也是会议吗？"路易斯·卡路斯摇摇头说："不是会议，是批评。"

我们走进会议室，我的心一沉，万万没有想到新艾朗市市长官邸的会议室如此简陋，在一个不到 300 平方米的空间里，摆着数百把白色的椅子。没有主席台，却看见一根粗大的树干伸向屋顶，显然，为了保护这棵大树，建房时把这棵树留在了房间里。会议室沿河而建，站在窗前，逶迤的亚马孙河一览无余。这一点，路易斯·卡路斯引以为骄傲，他对我们说："别看我们的新艾朗市不发达，但发达城市的市长都没有我幸运，在这里我一眼就可以看见大自然，每当想起河豚、海牛在亚马孙河里愉快生活，自己就有一种幸福感。"路易斯·卡路斯没有说错，他为使新艾朗市市民形成良好的环境意识，在他的倡议下，经过州议会讨论通过，新艾朗市每年举行一次旨在保护动物的

"海牛节"，强调动物对人类的重要性，以使人们共同尊重动物的生存权。

晚上，路易斯·卡路斯以自己的名义请我们看了一场演出。那是在露天的街头，在昏暗的街灯下，一群印第安年轻的孩子穿着奇特的服装，非常投入地表演歌舞节目。显然，他们没有受过专业训练，但他们天生有一副好嗓子、好身材，从他们口中流淌出来的歌声像夜莺啼唱，他们柔韧的身体展现了桑巴舞蹈的原始美，尽管没有乐队伴奏，他们的情绪高昂，把亚马孙的动物模

▼ 新艾朗市市长官邸

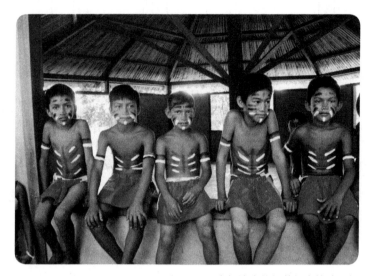

▲ 参加演出的新艾朗市的孩子们

仿得惟妙惟肖，把印第安人的生活表现得真实感人。我坐在最后一排，觉得自己并不是在欣赏艺术，而是在近距离地感受他们的现实，感受他们的生活。

最后，音响播出了一支迪斯科舞曲，演员们邀请我们跳舞，面对他们的热情，我们一一起立，在热烈的舞曲中翩翩起舞。就这样，一种别开生面的温情与友情弥漫在新艾朗市的夜晚。

米盖尔基金会

   米盖尔以母亲的名字命名的基金会就在新艾朗市，因此，参观米盖尔的基金会也就成了我们在新艾朗市的一项重要活动。

   一辆旅行车载着科考队的全体成员，在路易斯·卡路斯市长的陪同下驶入市区。我坐在靠窗的位置，仔细观看着新艾朗市的市容。新艾朗市与我们去过的城市没有明显的区别，只是街道宽阔，行人稀少。好客、热情的路易斯·卡路斯一路上都在介绍沿途的景区，当汽车靠近一栋别墅式的建筑时，路易斯·卡路斯示意司机停车，请

▼ 亚马孙的名贵草药

我们下车参观。

这是一栋木结构的拱顶平房，屋檐下有一块空地，放着一个大树根做成的茶台和凳子，附近是人工栽培的花木，绿的青翠，红的耀眼。房间里没有人，我们跨进院子，向房后走去，又见到一个小花园。引人注目的是，小花园的木墙上挂着十几个小花盆，每一个花盆里都生长着一种植物。路易斯·卡路斯告诉我们，这里是新艾朗市的旅游管理部门，因为今天是周日，所以没有人来。墙上挂着的植物是亚马孙流域重要的药材，极具经济价值，也是新艾朗市主要的财政来源。这所房子是我们在新艾朗市看到的最漂亮的建筑，设计师一定是想更多地展示新艾朗市的特点，或者是想体现新艾朗市的旅游魅力，才煞费苦心地设计、兴建了它。

如果说我们刚刚离开的木结构房子像一栋园林建筑，那么，米盖尔的基金会，则是一个乡村牧场。基金会在一个大院子里，也是拱顶的平房，与别墅式的房子相比，就显得朴实、简单多了。走进基金会的大门，有一块立起来的黑板，上面用英文写了几行欢迎科考队的词句。院子刚刚打扫过，一群化了妆的印第安小孩站成一排，笑着鼓掌，欢迎我们的到来。小孩的身后，一个身材高大的中年男人和一个看不出年龄的女人也在冲我们笑着。一种直觉告诉我，那个欧洲血统的男人和那个印第安血统的女人，一定是加德力和玛卡，也就是米盖尔的女婿、女儿。我的直觉没错，米盖尔把两个人介绍给我时加重了语气，他已经知道我是科考队的"另类"，对人的兴趣超过了对动物与植物的兴趣。我像老朋友似的与他们拥抱，并亲吻了玛卡的脸颊。加德力的头发有一点花白，但丝毫不妨碍他的英俊，举手投足间，依稀流露出影星的风采。玛卡像一个乡村纯朴的小姑娘，不艳丽，却端庄，目光中的宁静如一片树叶，展现着难得的平和。陈光伟把一对藏族风格的耳环送给玛卡，她高兴地接过来，当着我们的面拆开包装，取出耳环，赞美一句，随手带到耳朵上，并说："很漂亮吧。"加德力在一旁说道："像一个公主。"然后，我们愉快地笑了起来。

　　基金会是米盖尔创办的公益性组织，主要职能是帮助贫穷的印第安人学习技术，以便增加收入，早日过上幸福的生活。在"卡西迪亚"号上，米盖尔多次提起这个基金会，当时我就产生了参观基金会的想法，何况到基金会还能见到那个爱情故事里的主角。愿望终于得以实现，我站在基金会的院子里，仿佛就站在米盖尔的生活之中。加德力和玛卡把我们带进一个大房间，这是基金会的一个车间，20多个印第安少年在木案前忙碌着。木案旁摆着车床，供他们学习、使用。我走到木案前，看着印第安少年工作，他们用木块雕刻亚马孙的动物，木案上有刚刚完工的青蛙、美洲虎、美洲豹、食蚁兽等，另一侧还有几艘小

▼ 作者与加德力、玛卡在一起

船，其中一艘就是我们乘坐的"卡西迪亚"号。
后来米盖尔听说宛新荣回国后还要去蒙古，就把
这艘小小的"卡西迪亚"号送给了宛新荣，让他
把"卡西迪亚"号带到乌兰巴托，他的理由是，
自己的"卡西迪亚"号一直在南美的河流里航
行，他觉得遗憾，希望心爱的船有机会去更多的
地方，就做了一些"卡西迪亚"号的模型，请朋
友们带到世界各地。米盖尔的想法挺浪漫，挺有
诗意，他向宛新荣说明原因时，我正在旁边，听
罢，就被深深感动了。

▼ 基金会外景

面对工作着的少年，加德力向我们介绍了基金会的工作计划，他们长期坚持为贫穷的印第安人服务的宗旨，提高印第安人的文化水平和工作能力，宣传亚马孙热带雨林对人类的价值，保护自己的绿色家园，使更多的人关心亚马孙，关心印第安人。加德力的声音厚重、圆润，有一种金属般的磁性，他的手势富有节奏，在空中挥动时，掀起了一股不易察觉的风浪。玛卡一直站在他的身旁，面带微笑，一副幸福的样子。与加德力相比，她是一个灰姑娘，她是在亚马孙的怀抱里，与加德力一起创造了一个飘摇、优美的爱情故事。

在这里，米盖尔向我们赠送了礼物，每人一个木制的青蛙，他说印第安人一直把青蛙当成庇护神，相信在未来的日子里，这只小小的亚马孙青蛙能给我们带来平安和运气。

米盖尔是一个有心人，他让加德力准备了一块木板，请我们在上面签字，他说，他要把这块木板立在基金会的院子里。签完字，他又请我们来到外面，请每个人在这里种一棵树，他饱含深情地说："你们回去了，你们对亚马孙的记忆会伴随你们永远，你们回去了，你们在这里种的树会一天天长大，它们将是中国人留在亚马孙的生命。"我站在一棵树下，听米盖尔富有人生况味的一番话，不禁流出了眼泪。

我拿起一棵树苗，抗起一把锹，来到基金会的墙边，小心翼翼地把树苗放进土坑里，用手拢起浮土，把土坑填满，又起身用脚踩实。然后，接一壶水，往树苗里轻轻浇灌。我希望它能成活，我确信自己还有机会来亚马孙，来新艾朗市，一定能够与米盖尔再度相逢。

我把水壶、锹放到院子里，刚直起腰，米盖尔来到我的身边，摆一下手，示意我跟他去。米盖尔走得很快，我迷惑不解地跟着，走到基金会的后院，在一棵一人多高的树前停下，他指着树说了一句"彼得·布雷克"，便站在一旁不语。树旁立着一个小镜框，透过玻璃，能看见一些掉色的照片、杂志、报纸的剪页，当一张熟悉的照片映入眼帘的一刻我就什么都明白了，这棵树是彼得·布雷克亲手种植的，那个勇敢的探险家来过这里，一定是听完米盖尔的故事，并在米盖尔

▲ 期待小树苗可以成活，与米盖尔再度相逢

的邀请下种了一棵树，就是我眼前的这棵树。镜
框肯定是彼得·布雷克遇难后，米盖尔为纪念他
而立的，同时，为了保护这棵珍贵的树，米盖尔
又用绳索把树围了起来。对米盖尔来讲，这棵树
就是他亲密的朋友彼得·布雷克。

　　不用说什么，此时无声胜有声，面对着这棵
树我深深鞠了一躬。

再见亚马孙

    一个风和日丽的早晨，"卡西迪亚"号离开了新艾朗市，向马瑙斯全速航行，这就意味着我们历时一个月的亚马孙科学探险考察接近了尾声。

    在返回马瑙斯的路途上，我们在甲板上召开了一个简短的总结会，每一个人都谈了自己的感受。米盖尔满含深情地对我们说："你们刚到马瑙斯的时候，你们是我的客户，后来你们上了我的船，我们又成了朋友。当我们即将分别的时候，我感觉你们是我的亲人……"说话的时候，米盖

▼ 亚马孙丛林深处的瀑布

尔已是泪光点点了。

　　亲爱的亚马孙河，亲爱的米盖尔船长，是你们的真实，让我感到了世界的广阔，人的美丽。

　　傍晚，在一片霞光的映衬下，"卡西迪亚"号回到了马瑙斯郊外的码头，我们纷纷下船，乘坐旅行车来到了大自然酒店。吃过晚饭，整理好行囊，就在酒店里等待鲁道夫的到来。我们乘坐的航班在凌晨3时起飞，无疑是令人尴尬的时间，我们难受，送我们的鲁道夫也难受。夜里12时，宛新荣通知大家下楼，鲁道夫和米盖尔到酒店为我们送行。

▼　霞光映照下的亚马孙河

　　米盖尔穿了一件新衬衫，在汽车门口与大家
一一握手，我们相见时，他把一件白色的T恤衫
交给我，说是送给我的礼物。我说一声谢谢，与
他紧紧拥抱，然后又说："米盖尔先生，我会记
住您的。"米盖尔的眼睛一亮，亲密地拍拍我的
肩膀，用中文说了一句"北京"。我理解他的意
思，因为我们曾经说过，明年在北京相见。

　　汽车慢慢离开了大自然酒店，我看见米盖尔
一直站在那里向我们挥手告别。

　　在马瑙斯机场，我们又一一与鲁道夫拥抱告
别。鲁道夫幽默地说："你们走后，我也就失业

▼ 自然的谜语

▲ 神奇的想象

了。希望你们再来。"

　　尽管路途遥远，我会再来的，二度巴西之旅，我深深爱上了这个崇尚自然的国家，因此，我想把这个国家的故事和这个国家的人向更多的朋友讲述。

人与自然（代后记）

探险这个词，似乎属于西方人。的确，从中世纪到 19 世纪世界地理大发现的时间跨度里，探险家的队伍里鲜见中国人。由西方人主导的西域探险，我们也是配角。

探险是为了发现。对世界未知事物的探索，是人类得以超越自己的精神动力。随着我国的综合国力提高，科学意识增强，探索精神也日趋高涨，我们的探险家终于走出国门，开始向世界更为广阔的领域出发，探索世界的奥秘。

到亚马孙热带雨林探险，是探求人与自然的关系。工业化以后，社会化大生产，一方面提高了人们认识世界的能力，以及消费水平；另一方面给世界带来了一道费解的难题——环境污染。这时候，人与自然的关系危机四伏。

如果说，19 世纪世界地理大发现，是对历史文明的重新发现，是对世界未知领域的寻找，那么，今天的探险科考，则是向大自然表达敬畏之情，从生物多样性，到人为破坏的程度；从经济发展，到政府保护的法律制定与管理办法；从生存空间的拓展，到精神空间的缩小，审视人类的进程和我们的作用。

巴西是未全面发展的国家，巴西也是资源性国家，丰厚的自然资源，让国民养尊处优。然而，对资源的开采，给亚马孙热带雨林带来了危机。巴西政府，世界非政府组织，民间环境保护团体等，不断呼吁保护亚马孙热带雨林，限制开采亚马孙热带雨林的森林，让地球之肺永远清澈。

在亚马孙热带雨林的探险考察，令我们感受到了巴西政府对亚马孙热带雨林保护的力度，比如，对亚马孙热带雨林流域城市发展的限制，对森林采伐的控制，对工业项目的严格论证等，这都是在努力保持这条大河的原始活力。我们一行从巴西回国，第一时间接受了中央电视台的采访，陶宝祥、陈光伟、聂品、曹敏等人从不同角度回答了记者们的提问，中心议题还是人与自然的问题，发展与保护的问题。北京电视台为我个人做了一期节目，我与主持人所谈，也是人与自然关系的问题，我以一些生动的细节，谈到亚马孙热带雨林的无穷魅力，谈到危机中的人类处境，以及对消费主义的反省，对人欲望的警惕。

探险考察的成果，最终将成为社会的共识。人与自然是生命共同体，对大自然的礼敬、尊重，是人类的责任与义务，人与自然同舟共济，才能走向更为广阔的未来。

张瑞田